国家重点研发计划"资源循环利用过程精准管理支撑技术与应用示范"（编号：2019YFC1908500）项目成果

"双碳"目标背景下我国页岩气开发综合影响评估及政策体系研究

Study on Comprehensive Impact Assessment and Strategy and Policy System of Shale Gas Development in China under the Background of Carbon Neutrality and Carbon Peak Goal

温志超　著

U0345020

中国环境出版集团·北京

图书在版编目（CIP）数据

"双碳"目标背景下我国页岩气开发综合影响评估及政策
体系研究/温志超著. —北京：中国环境出版集团，2022.3
ISBN 978-7-5111-4713-4

Ⅰ. ①双… Ⅱ. ①温… Ⅲ. ①油页岩资源—油气田
开发—项目评价—研究—中国②油页岩资源—油气田开发—
政策体系—研究—中国 Ⅳ. ①F426.22

中国版本图书馆 CIP 数据核字（2021）第 221703 号

出 版 人	武德凯
责任编辑	董蓓蓓
责任校对	任 丽
封面设计	宋 瑞

出版发行　中国环境出版集团
　　　　　（100062　北京市东城区广渠门内大街 16 号）
　　　　　网　　址：http：//www.cesp.com.cn
　　　　　电子邮箱：bjgl@cesp.com.cn
　　　　　联系电话：010-67112765（编辑管理部）
　　　　　发行热线：010-67125803，010-67113405（传真）

印　　刷	北京建宏印刷有限公司
经　　销	各地新华书店
版　　次	2022 年 3 月第 1 版
印　　次	2022 年 3 月第 1 次印刷
开　　本	787×960　1/16
印　　张	14.75
字　　数	260 千字
定　　价	75.00 元

作者简介

温志超，博士，国家信息中心助理研究员。2009 年 7 月，获中国海洋大学环境科学专业硕士学位，同年进入中国科学院过程工程研究所绿色能源课题组，从事环境、能源等相关研究工作，工作期间参与国家水体污染控制与治理科技重大专项、国家科技支撑项目、中国工程院咨询项目等多项国家和地方课题。2013 年 9 月，进入中国人民大学环境学院学习，2018 年 1 月获中国人民大学人口、资源与环境专业博士学位。2018 年 7 月，进入国家信息中心经济预测部工作，从事国民经济和社会发展重大问题研究工作，主要研究方向为能源与环境、投入产出、预测与决策。在 *Journal of Cleaner Production*、*Environmental Science and Pollution Research* 等期刊发表多篇学术论文。获国家发展和改革委员会优秀研究成果奖三等奖 1 项、商务部商务发展研究成果奖二等奖 1 项、海南自贸港研究优秀成果奖二等奖 1 项、国家信息中心优秀研究成果奖一等奖 3 项、国家信息中心优秀研究成果奖二等奖 1 项。

前　言

2020 年 9 月 22 日，习近平总书记在第七十五届联合国大会一般性辩论上宣布，我国将提高国家自主贡献力度，采取更加有力的政策和措施，二氧化碳排放力争于 2030 年前达到峰值，努力争取 2060 年前实现"碳中和"。2021 年 3 月 15 日，中央财经委员会第九次会议强调，我国力争 2030 年前实现"碳达峰"、2060 年前实现"碳中和"，是党中央经过深思熟虑作出的重大战略决策，事关中华民族永续发展和构建人类命运共同体，是一场广泛而深刻的经济社会系统性变革。

碳排放与能源消费密切相关，超过 85% 的碳排放量来自能源活动，能源结构的绿色低碳转型是实现"双碳"目标的关键措施。绿色低碳转型最终是要尽可能使用可再生能源替代化石能源，但以现有的技术水平以及因涉及能源安全等问题，化石能源在相当长的时间内还将扮演着不可替代的角色。煤炭是我国化石能源消费的主体，2020 年煤炭仍占我国一次能源消费总量的 56.8%，是二氧化碳排放的最大来源。天然气作为清洁的化石能源，其温室气体排放量相对煤和石油都小很多。在"双碳"目标背景下，能源转型进程中"减煤、稳油、增气和可再生能源"已成共识，天然气肩负着能源消费结构从化石能源向可再生能源过渡的重要使命，大力发展天然气是我国建立清洁低碳、智慧高效、经济安全能源体系的必然选择。

天然气作为优质、高效、清洁的低碳能源,在实现"双碳"目标过程中具有重要性,是未来中长期我国"双碳"目标实现、能源结构优化和大气污染防治的根本选择。在"十四五""十五五"期间需全力加速发展天然气,促进"碳达峰"的量和时间尽可能提前实现,为后续的"碳中和"目标实现奠定坚实基础。我国政府高度重视天然气发展,提出以提高天然气在一次能源消费结构中的比重为发展目标,大力发展天然气产业,逐步将天然气培育成主体能源之一。随着"双碳"目标的提出、能源生产消费革命的落实、新型城镇化进程的加快、国际国内天然气供应稳定、油气体制改革深入推进,天然气等清洁能源比重将进一步提高。当前我国探明油气资源中,常规天然气与非常规天然气的资源比例为 1∶3,在剩余天然气资源中,非常规天然气是常规天然气的近 4 倍。大力发展天然气产业,为我国非常规天然气,特别是页岩气产业大发展提供了重要战略机遇。

我国页岩气资源丰富,大力提升我国页岩气勘探开发力度不仅可以提高我国天然气供应能力,保障能源供应安全,还可以改善能源结构,提高能源清洁开发利用水平,保障能源使用安全。我国高度重视页岩气的开发,制定了页岩气产业发展规划,出台了促进页岩气开发的相关政策,设立了重庆涪陵和四川长宁—威远等 4 个国家级页岩气开发示范区,积极推进我国页岩气资源的开发利用。一方面,随着我国页岩气的大规模开发利用,页岩气开发将对我国经济社会环境产生怎样的影响?以及如何运用经济学的方法给予科学定量评估?目前没有得到充分的重视,国内也缺乏相关研究。目前,我国对于页岩气开发对我国和地区经济社会环境影响的研究多限于定性的描述,缺少定量分析,从而难以为国家和当地政府在制定相关政策上提供科学的量化支撑。因此,深入研究页岩气大规模开发带来的经济社会环境影响、正确评估页岩气开发对经济社会环境的成本效益，显得尤为重要。另一方面，得益于确立页岩气新矿种地位、招标出让页岩气探矿权、制定页岩气产业发展规划、深化油气监管体制改革、出台页岩气开发利用补贴政策等支持政策相继取得重大突破，我国业已成为北美之外第一个实现页岩气规模化商业开发的国家。但目前我国页岩气产业还处于起步阶段，依然面临市场开拓难度较大、深层技术有待突破、鼓励竞争还须加强等多重挑战。亟须在现有产业支持政策的基础上，开展我国页岩气发展战略与政策体系研究，为促进我国页岩气产业健康可持续发展提供政策参考。

本书在我国"双碳"目标和能源安全新战略的大背景下，对我国页岩气开发产生的经济社会环境综合影响以及页岩气发展战略与政策体系进行了深入研究。

本书分为上下两篇，上篇为我国页岩气开发经济社会环境综合影响评估研究，下篇为我国页岩气开发政策体系研究，共10章，具体内容安排如下：

第1章"我国页岩气资源潜力分布与开发现状"，阐述了世界和我国页岩气资源潜力与分布以及勘探开发情况，并重点介绍了我国4个国家级页岩气示范区在勘探开发方面的相关进展，同时分析了当前我国页岩气勘探开发面临的问题。

第2章"基于优化模型的我国页岩气供应潜力测算"，对我国未来中长期全国及分省的能源供需走势进行了预测，结合不同政策情景，评估了我国天然气需求潜力以及各地的天然气需求潜力。依据天然气供应优化模型，测算满足这些未来需求的天然气最优供应路径，进而判断页岩气产业增长潜力及区域分布。

第3章"页岩气开发对经济影响评估方法与思路"，综述了美国页岩气开发对地区经济效益、外溢经济损失和净经济影响三个方面经济影响的研究进展，在此基础上，提出了页岩气开发对经济社会影响的评估思路，并以重庆页岩气开发项目为例，给出了重庆页岩气开发对当地经济社会影响的评估方法。

第 4 章 "页岩气开发对涪陵经济社会环境影响研究"，阐述了涪陵页岩气资源潜力与勘探开发进展；初步分析了页岩气开发对涪陵经济社会影响，分析了页岩气开发对涪陵产生的环境影响，以及中石化涪陵页岩气开发公司针对涪陵页岩气开发可能产生的环境影响和环境风险采取的环境保护措施及存在问题，最后进行了涪陵页岩气开发的环境成本效益研究。

第 5 章 "页岩气开发对重庆经济社会环境影响研究"，阐述了重庆页岩气资源潜力与勘探开发进展；测算了页岩气开发对重庆经济社会产生的影响，并分析了重庆页岩气产业的关联效应和波及效应；定量分析了重庆页岩气开发带来的环境影响。

第 6 章 "页岩气开发对我国经济社会环境影响研究"，在页岩气开发潜力的基础上，首先定性和定量分析了页岩气开发对我国经济社会的影响，其次定量分析了页岩气开发对我国环境的影响，最后提出在全国进行页岩气开发之前应采取差异化开发和管理措施。

第 7 章 "美国页岩气开发对经济社会影响研究"，定量和定性分析了美国页岩气开发带来的经济社会影响，主要表现在带来经济增长、降低天然气对外依存度、降低天然气价格、改善能源结构、增加就业、增强化工行业竞争力等方面。

第 8 章 "美国页岩气开发政策体系及借鉴启示"，梳理了美国在页岩气不同发展时期的政府资助勘探开发技术研究、财政税收优惠、公平准入等市场化机制、系列环境保护法律法规等产业扶持政策体系，借鉴美国的相关经验和做法，提出了进一步健全和完善我国页岩气产业政策体系。

第9章"我国页岩气产业发展政策体系研究"，系统梳理了我国现有的页岩气相关政策，从页岩气勘探开发、科技支持、运输和市场、财政补贴和税收优惠等方面剖析了当前我国页岩气开发政策体系存在的问题，最后构建了我国页岩气产业发展的政策体系。

第10章"我国页岩气产业发展战略研究"，在分析"十三五"时期我国页岩气产业发展机遇与挑战的基础上，提出深入贯彻页岩气"四个革命、一个合作"发展战略思想，从"积极培育页岩气多行业应用、稳步开展页岩气多层次开发、加强自主勘探开发技术攻关、完善页岩气产业链扶持政策、创新页岩气对外多模式合作"五个维度着力的战略选择，为促进页岩气产业快速健康发展提供战略支撑。

本书在编写过程中得到了国家信息中心经济预测部政策仿真研究室副主任肖宏伟副研究员、国家发展和改革委员会宏观经济研究院经济体制与管理研究所循环经济研究室副主任谢海燕副研究员、国务院发展研究中心资源与环境政策研究所能源政策研究室副主任李继峰研究员的大力帮助，在此表示衷心感谢！

同时中国人民大学环境学院的张象枢教授、马中教授、邹骥教授、沈大军教授、曾贤刚教授、宋国君教授、张光明教授、李岩教授、王克副教授和中国科学院地理科学与资源研究所的王景升副研究员等在本书编著过程中给出了中肯建议，一并表示感谢！

编者在学习研究、资料收集、调研过程中得到了时任中石化涪陵页岩气开发公司的胡德高总经理、马莉副经理、中石化江汉石油管理局信息中心肖中华主任、中石化涪陵页岩气开发公司技术中心王振兴主任和廖如刚副主任等的帮助，他们在课题组去重庆涪陵页岩气调研期间，提供了较为翔实的资料和数据，为本书的研究编撰奠定了坚实的基础。另外，本书引用了大量的国内外页岩气方面的研究成果和文献，由于资料众多，难以一一列出，在此一并致谢！

本书得到国家重点研发计划"资源循环利用过程精准管理支撑技术与应用示范"（编号：2019YFC1908500）的支持，在此表示感谢！

同时，本书能顺利出版，中国环境出版集团的帮助也十分珍贵，本书作者在此对他们表示诚挚的感谢！

由于作者研究水平有限，书中难免有不当和错漏之处，敬请批评指正。

目　录

下篇 我国页岩气开发政策体系研究

上　篇

我国页岩气开发经济社会环境综合影响评估

我国页岩气资源潜力 分布与开发现状

第1章

加大页岩气勘探开发力度，是提高我国天然气供应能力、改善能源结构、加快绿色低碳转型、保障能源供应、安全实现"双碳"目标的关键举措。近年来我国天然气对外依存度持续升高，保障能源安全的压力较大。我国页岩气资源分布广、资源潜力大，技术可采资源量约是常规天然气的 1.6 倍，开发前景广阔，为保障我国能源安全奠定了坚实的基础。但相比美国和加拿大，我国页岩气勘探开发起步较晚，处于开发的初级阶段，勘探开发仍面临许多问题。

1.1 世界页岩气资源潜力与开发进程

1.1.1 世界页岩气资源潜力与分布

2011 年，美国能源署（EIA）对 46 个国家的页岩气资源进行了评估。EIA 的评估数据显示，全世界拥有页岩气资源为 214.10 万亿 m^3，其中亚太地区为 51 万亿 m^3，排在第一位；北美地区为 49.2 万亿 m^3，排在第二位；南美地区和非洲地区分别排在第三位和第四位，页岩气资源量分别为 40.4 万亿 m^3 和 39.6 万亿 m^3；而西欧、东欧和中东页岩气资源量相对较少。世界各地区页岩气资源量见表 1-1。

从国家来看，页岩气资源量排在前十位的分别是中国、阿根廷、阿尔及利亚、美国、加拿大、墨西哥、澳大利亚、南非、俄罗斯和巴西（图 1-1）。中国页岩气资源量为 31.6 万亿 m^3，远高于排在第二位的阿根廷，是美国页岩气资源量的近 2 倍。页岩气资源量前十国家占世界页岩气总资源量的 75.4%。

表 1-1 世界各地区页岩气资源量   单位：万亿 m³

地区	国家	页岩气资源量	地区	国家	页岩气资源量
西欧	丹麦	0.9	南美	阿根廷	22.7
	法国	3.9		玻利维亚	1.0
	德国	0.5		巴西	6.9
	荷兰	0.7		智利	1.4
	挪威	0		哥伦比亚	1.5
	西班牙	0.2		巴拉圭	2.1
	瑞典	0.3		乌拉圭	0.1
	英国	0.7		委内瑞拉	4.7
	总计	7.2		总计	40.4
非洲	阿尔及利亚	20.0	亚太	中国	31.6
	埃及	2.8		印度	2.7
	利比亚	3.4		印度尼西亚	1.3
	毛里塔尼亚	0		蒙古	0.1
	摩洛哥	0.3		巴基斯坦	3.0
	突尼斯	0.6		泰国	0.2
	西撒哈拉	0.2		澳大利亚	12.1
	乍得	1.3		总计	51.0
	南非	11.0	东欧+欧亚	保加利亚	0.5
	总计	39.6		立陶宛	0.1
中东	约旦	0.2		波兰	4.1
	阿曼	1.4		罗马尼亚	1.4
	阿联酋	5.8		俄罗斯	8.1
	总计	7.4		土耳其	0.7
北美	美国	17.6		哈萨克斯坦	0.8
	加拿大	16.2		乌克兰	3.6
	墨西哥	15.4		总计	19.3
	总计	49.2	世界	总计	214.10

资料来源：EIA，2012。

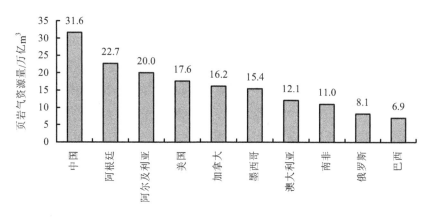

图 1-1　页岩气资源量前十国家

1.1.2　世界页岩气勘探开发概况

目前，世界上只有美国、加拿大、中国和阿根廷成功实现了页岩气的商业化开发，其他国家仍处于页岩气的勘探和待开发阶段。

（1）美国页岩气勘探开发概况

美国是世界上页岩气勘探开发最早也是最成功的国家。1821 年，美国第一口页岩气井钻探于纽约州 Chautanqua 县 Fredonia 镇的泥盆系页岩。然而一直到 20 世纪 80 年代，页岩气仍然被认为无法进行商业化开发。1981 年美国政府开始投入大量的资金用于页岩气的勘探研究，最终促进了后期水力压裂等一系列技术的形成。1997 年，Mitchell 能源公司在巴奈特页岩气开发中首次使用了清水压裂技术，至此水力压裂技术形成。水力压裂技术，使巴奈特的最终采收率提高了 20% 以上，作业费用减少了 65%。1999 年和 2003 年分别实现重复压裂技术和水平井开采，使得美国页岩气产量大幅增长。1997—2009 年，美国 10 年间完钻 13 500 口井，这其中主要是水平钻井。

巴奈特页岩在美国页岩气商业开发过程中具有代表性意义，其开发是美国页岩气开发技术进步及产量提高的历程缩影，其开发历程大体可划分为五个阶段。第一阶段：页岩气开发初期阶段（1981—1984 年），采用直井式生产方式，通过泡沫压裂获得页岩气。第二阶段：大型水力压裂阶段（1985—1996 年），采用直井式生产方式，通过交联冻胶液获得页岩气。第三阶段：清水压裂阶段（1997 年至今），采用清水作为压裂的主要介质，通过清水压裂获得页岩气。第四阶段和第五阶段分别为重复压裂阶段（1999年至今）和同步压裂阶段（2006年至今）。

从页岩气分布来看，美国页岩气主要分布在东北部、墨西哥湾、中部内陆、洛基山和西海岸。总体上，近年来美国页岩气产量逐年增长，2000年美国的页岩气年产量为122亿 m^3，仅占美国天然气产量的1%；2010年，页岩气产量为1 378亿 m^3，占美国天然气产量的23%；2017年，美国页岩气产量为4 772亿 m^3，占美国天然气产量的近一半，为49.9%；2019年，美国页岩气产量达到7 864亿 m^3，占美国天然气总产量的67.9%。

（2）加拿大页岩气勘探开发概况

加拿大是在美国之后，第二个对页岩气进行勘探开发的国家，同时也是实现对页岩气成功商业化开发的国家。虽与世界其他国家和地区相比，加拿大已实现页岩气的商业化开发，但是与美国相比，加拿大还处于起步阶段。

20世纪90年代，加拿大开始进行页岩气勘探，主要集中在阿尔伯塔省（Alberta），后期逐渐拓展到不列颠哥伦比亚（British Columbia）等省。2000—2001年，不列颠哥伦比亚省三叠纪页岩气开始进行商业性开发，而后页岩气的勘探开发扩展到萨斯喀彻温省（Saskatchewan）、安大略省（Ontario）、魁北克省（Quebec）以及新斯科舍省（Nova Scotia）等。目前，加拿大页岩气勘探开发主要集中在不列颠哥伦比亚省东北部的中泥盆统霍恩河盆地与三叠纪的Montney页岩。

加拿大的页岩气资源主要分布在不列颠哥伦比亚省、阿尔伯塔省、萨斯喀彻温省、安大略省、魁北克省低地、滨海诸省（Maritimes）5个地区。

2014年，加拿大页岩气产量约为215亿 m^3，占天然气总产量的15%，占天然气消费量的21.4%。2017年，加拿大页岩气产量没有太大变化，仍约为215亿 m^3。

（3）阿根廷页岩气勘探开发概况

阿根廷是继北美地区之后实现页岩气商业开发的新兴国家。

2011年1月，阿根廷国家石油公司（YPF）与法国道达尔公司合作获得了内乌肯盆地的4个页岩气区块开发的权益。2011年8月，美国哈利伯顿公司在内乌肯盆地完成了第一口水平井，并实施了多阶段的水力压裂，获得了高产页岩气。2012年Apache公司在阿根廷内乌肯盆地对中侏罗统洛斯莫莱斯组页岩获日产天然气12.7万 m^3。Exxon Mobile 和 Amrica Petrogas 公司针对巴卡穆埃尔塔组页岩采用直井 4 段分段压裂，获日产气 9 万 m³、日产油 18 桶。2013 年 7 月，阿根廷国家石油公司与雪佛龙公司合作，双方协议初期投资 12.4 亿美元开发页岩油气，在 5 000 英亩[①]的土地上钻井 100 口。阿根廷国家石油公司也与美国的陶氏化学签署了初步的合作协议，对页岩气油气资源进行开发。2014 年 12 月，阿根廷国家石油公司与巴西石油公司合作开发阿马加奇卡区块，数据表明在 2015 年 4 月，阿根廷国家石油公司已获得每日 22 900 桶石油和 6 700 万 ft³[②]天然气的生产量。

阿根廷最大的页岩油气储藏在内乌肯盆地。此外，阿根廷境内的格尔夫圣乔治盆地以及南部麦哲伦盆地的页岩具有较大的油气资源潜力。2017 年，阿根廷页岩气产量为 22.30 亿 m³。

（4）其他国家和地区页岩气勘探开发概况

欧盟的油气供应一直依赖俄罗斯，随着美国"页岩气革命"的成功，欧盟也开始了页岩气的勘探开发进程。总体上，欧盟对页岩气的开采持比较谨慎的态度，其中波兰和英国是页岩气勘探开发比较积极的国家，并在国内立法层面大力推动；而德国由之前的禁止页岩气勘探开发转为有条件开放开发，法国一直是保持禁止开发的态度。

波兰是欧盟中页岩气储量最多的国家，也是页岩气开发积极的推动者。波兰有三大页岩气盆地，分别位于波罗的海、波德拉谢以及卢布林地区。巨大的页岩气资源吸引国内外各大能源公司纷纷加入波兰的页岩气勘探开发。波兰已颁布超过 100 个页岩气勘探许可，已引入了埃克森美孚、康菲和埃尼等国际能源巨头。但由于波兰技术和资金等问题，波兰页岩气开发进展缓慢。波兰天然气公司在 2012 年投资 2 亿美元用于勘探页岩气，拟 2014 年实现商业化开采页岩气资源，但 2014 年下半年以来，国际油价大幅下行，使得波兰页岩气勘探开发陷入了困境，错失了页岩气勘探开发的窗口期，所有页岩气项目基本停止。波兰迄今为止仍未钻出一口商业化的页岩气井，并且因为投资过高，埃克森美孚等能源巨头先后撤离。波兰石油天然气公司预计波兰页岩气实现商业化开发仍需 6 年。鉴于波兰页岩气勘探开发进展缓慢，以及国际能源巨头公司陆续离开，波兰政府意识到需要采取一些页岩气勘探开发的优惠举措。

---

① 1 英亩=0.404 9 hm²。
② 1 ft³（立方英尺）= 2.832×10⁻² m³。

英国之前曾颁布页岩气开采的禁令，但随着大规模离岸页岩气资源的发现，其态度在逐步转变。英国页岩气潜在技术可采资源量为 0.74 万亿 m^3。英国富含页岩油气的区域主要为英格兰北部的鲍兰—霍德尔盆地（Bowland Hodder Basin）、英格兰南部的威尔德盆地（Weald Basin）和苏格兰中央平原地区（Midland Valley of Scotland）。

1.2 我国页岩气资源潜力与开发进展

1.2.1 我国页岩气资源潜力与分布

我国页岩气资源分布广、发育层系多，形成条件多样，整体资源潜力很大，开发前景广阔。2009 年以来，国内外多家机构对我国页岩气资源量进行了评估。

（1）美国 EIA 评估结果

2013 年 6 月，美国 EIA 发布了《世界页岩气和页岩气资源评价》报告，报告中对我国 7 个盆地和 18 个层系的页岩气资源量进行了评估。评估结果显示，我国页岩气技术可采资源量为 31.6 万亿 m^3，其中四川盆地页岩气资源最为丰富，技术可采资源量为 17.7 万亿 m^3，占总技术可采的 56.0%；另外是塔里木盆地和扬子台地，技术可采资源量分别占总技术可采量的 19.3%和 13.4%。

（2）原国土资源部评估结果

2012 年 3 月，国土资源部发布了《中国陆域页岩气资源潜力评价初步成果》，对我国陆域 4 大区、41 个盆地和地区、87 个评价单元、57 个含气页岩层段的页岩气资源潜力进行了评价。评估结果表明，我国页岩气地质资源量为 134.50 万亿 m^3，技术可采资源量为 25.08 万亿 m^3。评估优选出 180 个页岩气有利区。其中，上扬子及滇黔桂区 60 个，占全国总数的 33%；华北及东北区 57 个，占全国总数的 32%；西北区 38 个，占全国总数的 21%；中下扬子及东南区 25 个，占全国总数的 14%。原国土资源部详细的资源评估结果见表 1-2。

表 1-2　我国页岩气资源评估结果　　　　　　　　单位：万亿 m³

评价单元		地质资源量	技术可采量	技术可采量占比/%
上扬子及滇黔桂区	四川盆地及周缘	40.02	6.44	39.62
	黔中隆起及周缘	14.44	1.87	
	桂中坳陷	2.33	0.53	
	南盘江盆地	2.36	0.26	
	百色南宁盆地	1.01	0.25	
	十万大山盆地	0.79	0.14	
	黔南坳陷	0.69	0.26	
	六盘山盆地	0.46	0.13	
	楚雄盆地	0.42	0.04	
	西昌盆地	0.14	0.01	
华北及东北区	鄂尔多斯盆地及其外围地区	11.81	2.71	26.7
	松辽盆地及其外围地区	5.90	1.65	
	渤海湾盆地及其外围地区	5.06	1.34	
	南襄盆地及南华北地区	3.44	0.86	
	沁水盆地及其外围地区	0.57	0.14	
中下扬子及东南区	中扬子地区	9.81	1.59	18.49
	下扬子地区	5.94	1.07	
	苏北地区	3.28	0.48	
	湘中地区	2.81	0.75	
	湘东南	1.53	0.34	
	萍乐坳陷	0.62	0.16	
	东南地区	0.61	0.16	
	赣西北地区	0.56	0.09	
西北区	塔里木盆地	9.90	1.58	15.19
	准格尔盆地	3.73	1.00	
	柴达木盆地	2.72	0.56	
	中小型盆地	1.88	0.35	
	吐哈盆地	1.39	0.29	
	酒泉盆地	0.28	0.03	
总　计		134.50	25.08	100

资料来源：原国土资源部。

2015 年 10 月，国土资源部再次发布页岩气资源评估结果，全国页岩气技术可采资源量有所降低，为 21.8 万亿 m^3，其中海相页岩为 13.0 万亿 m^3、海陆过渡相页岩为 5.1 万亿 m^3、陆相页岩为 3.7 万亿 m^3。

（3）其他研究机构评估结果

2009 年，中国地质大学张金川等采用统计法、类比法以及德尔菲法等估算得出，我国页岩气可采资源量为 26 万亿 m^3。2010 年，中国石油勘探开发研究院廊坊分院的刘洪林等采用类比法，得出我国页岩气可采资源量为 21.5 万亿～45 万亿 m^3。2012 年，中国工程院在《我国页岩气和致密气资源潜力与开发利用战略研究》中评价了我国页岩气资源量，得出我国页岩气技术可采资源量为 11.5 万亿 m^3。各机构发布的我国页岩气资源评估结果见表 1-3。

表 1-3　国内外各机构发布的我国页岩气资源评估结果　　单位：万亿 m^3

年份	研究机构	地质资源量	可采资源量
2009	中国地质大学		26
2010	中国石油勘探开发研究院廊坊分院	—	21.5～45
2012	国土资源部	134.50	25.08
2012	中国工程院	—	11.5
2013	美国 EIA		31.6
2015	国土资源部	—	21.8

从表 1-3 可以看出，中国工程院与各研究结构评估结果差异明显，中国工程院评估结果偏低。而且值得注意的是，原国土资源部评估的 2015 年可采技术资源量比 2012 年评估结果降低了 13.1%。评估结果的差异和变化表明，我国页岩气资源调查和评估工作还有待进一步深入。

1.2.2　我国页岩气勘探开发进展

相比美国和加拿大，我国页岩气勘探开发起步较晚，但比世界其他国家和地区进展快。受国内天然气需求持续高速增长和美国页岩气商业性开发的影响，页岩气勘探开发受到我国政府的高度重视。2004 年，国土资源部油气资源战略研究中心和中国地质大学（北京）跟踪国外页岩气研究和勘探开发进展。2005年，我国开始进行页岩气地质条件初步分析。2006年，我国进行了页岩气开发的基础研究。2009年，我国开展了页岩气先导试验区优选和试采；中石油在四川长宁—威远、富顺—永川等地区启动了首批页岩气工业化实验区建设。2010年，中石油在四川盆地开发威201井获得工业气流，实现我国页岩气首次工业化突破。2012年，中石化在重庆涪陵焦页1HF井获得工业气流。2013年以来，我国在四川盆地的页岩气勘探开发取得重大进展。2017年，全国页岩气产量为91亿 m^3，2020年全国页岩气产量为200.4亿 m^3。

目前，我国页岩气勘探开发工作主要集中在四川盆地和其周边地区，勘探开发的主体是中石化、中石油和延长石油。有实际性进展的区块有中石化的重庆涪陵区块，中石油的长宁—威远、富顺—永川和邵通区块。

（1）中石化——重庆涪陵国家级页岩气示范区

自2006年开始，中石化重点关注页岩气；2007年初步完成选区评价工作，并申请登记区块；2009年开始页岩气勘探；2010年优选井进行压裂测试，并部署钻探；2011年中石化勘探南方分公司对前期优选的区块开展深入评价，落实了四川盆地内焦石坝、南川等5个有利勘探目标；2012年在最有利的焦石坝目标区部署了第　口海相页岩气探井——焦页1井，在焦页1井完钻后，迅速实施钻水平井——焦页1HF井。2012年11月28日，焦页1HF井放喷测试获20.3万 m^3/d 的工业气流，取得了中石化页岩气勘探突破。

为加快页岩气勘探开发技术创新，完善地质评价方法和参数体系建设，推动我国海相页岩气产业化发展，国家能源局于2013年11月正式设立"重庆涪陵国家级页岩气示范区"。截至2017年年底，涪陵页岩气田产气60.04亿 m^3，占我国页岩气总产气量的66%。

（2）中石油——四川长宁—威远和滇黔北邵通国家级页岩气示范区

中石油公司勘探开发区块主要包括长宁—威远、昭通两个国家级示范区和富顺—永川对外合作区。在前期地质勘探、地震资料处理解释和资料井的基础上，2009年中石油钻探了我国第一口页岩气评价井威201井；2010年，中石油完钻我国第一口水平井威201-H1井。2012年，完钻宁201-H1井获得高产。2013年，中石油围绕宁201-II1高产井，启动了长宁H2、H3两个"工厂化"平台试验，

H2 平台部署 8 口水平井，H3 平台部署 6 口水平井。

为落实《页岩气发展规划（2011—2015 年）》，加快页岩气勘探开发技术集成和突破，推动我国页岩气产业化发展，国家发展和改革委员会和国家能源局于 2013 年 1 月正式成立了四川长宁—威远国家级页岩气示范区和滇黔北邵通国家级页岩气示范区。2017 年，长宁—威远页岩气田产气 24.73 亿 m^3；邵通区块页岩气田产气 5 亿多 m^3。

（3）延长石油——延安国家级陆相页岩气示范区

2008 年以来，延长石油开始开展非常规资源前期调研工作，查阅并收集国内外页岩气勘探开发与研究的相关文献资料；2009 年，开始详细对比分析国内外页岩气成藏地质条件，对鄂尔多斯盆地东南部页岩地层页岩气成藏条件进行初步评价；2010 年，延长石油在油气勘探整体规划的基础上，加大了对非常规资源的勘探投入，选定甘泉—直罗和云岩—延川两个页岩气有利区；2011 年 4 月，柳评 177 井长七段进行了小规模压裂测试，日产气 2 350 m^3，突破陆相页岩气出气关，成为我国乃至世界上第一口陆相页岩气井；2013 年 9 月，延长石油在云岩—延川区顺利完钻上古生界第一口页岩气水平井——云页平 1 井。

2012 年 9 月，国家发展和改革委员会批复陕西省设立"延长石油延安国家级陆相页岩气示范区"。截至 2015 年 9 月，延安国家级陆相页岩气示范区完钻井 59 口，其中中生界直井 41 口、水平井 3 口，上古生界直井 12 口、水平井 3 口。

（4）其他主体勘探开发进展

①中国海洋石油总公司。2014 年 6 月，中海油第一口页岩气探井"徽页 1 井"顺利完钻，完钻井深 3 001 m，钻井周期 91 d，但经过初步评估后，得到安徽的页岩气资源量不足以支持大规模开发的结论。

②中国华电集团公司。2013 年 7 月—2014 年 8 月，在湖北鹤峰区块完成 2 306 km^2 的二维地震外业和数据整理与分析工作；2014 年 12 月，贵州绥阳区块项目二维勘探野外采集资料工作通过验收；2015 年 5 月，在湖南花垣区块开钻"花页 1 井"；2015 年 10 月 16 日，在湖北来凤—咸丰区块成功压裂"来页 1 井"。

③国家开发投资公司。2014 年 8 月，在重庆城口区块开钻第一口页岩气探井"城探 1 井"，2015 年 6 月，该井压裂试气。

④湖南华晟能源投资发展有限公司。2014 年 9 月，在湖南龙山区块第一口参

数井"龙参 2 井"完钻。2015 年 1 月，在龙山地区部署三维地震勘探和水平井钻探工作。

⑤中煤地质工程总公司。2015 年 11 月 14 日，在贵州凤冈区块开钻页岩气"永新 1 井"。在湖南桑植区块已完成地质调查、野外踏勘、二维地震、钻探"桑页 2 井"等工作。

⑥神华地质勘查有限责任公司。2014 年 6 月以来，在湖南保靖区块成功开钻"保页 1""保页 2""保页 3""保页 4XF"4 口探井。

1.3　我国页岩气勘探开发面临的主要问题

目前，我国页岩气勘探开发尚处于起步阶段，页岩气开发取得突破的区域仅局限于四川盆地内的海相页岩局部地层，包括中石化重庆涪陵区块、中石油四川长宁—威远和邵通等区块，其他区域的海相页岩地层及广泛分布的陆相地层和海陆相过渡页岩地层尚未取得突破，未形成商业化产能。我国页岩气勘探开发仍面临许多问题，主要表现在资源量待落实、矿权重叠问题待解决、矿业权市场待完善、地质地表条件复杂、技术和装备水平待提高、开发成本待降低、基础设施待完善、资料共享和信息公开制度待建立等几个方面。

（1）页岩气可采资源量有待进一步落实

实现我国页岩气大规模开发，需要精确和详细的地质资料作为支撑，以降低企业开发的勘探风险和成本。当前国内外研究机构发布的我国页岩气资源数据，无论是在资源总量还是在技术可采资源量上都存在较大差异，说明我国页岩气资源情况尚未完全掌握清楚，有待进一步落实。可采资源量的进一步落实，也有利于提高企业参与勘探开发的积极性。

（2）矿权重叠问题有待解决和矿业权市场有待进一步完善

我国页岩气勘探开发竞争不足，这与我国页岩气矿业权市场不够完善有很大关系。建立充分竞争的页岩气产业格局，需要大量社会资本无障碍地进入或退出。页岩气与其他矿种矿业权重叠，页岩气矿业权与常规天然气普遍存在空间上的重叠，大约 70%的页岩气分布区与常规天然气分布区重叠，很难发挥页岩气作为独立矿种的优势，严重影响页岩气的有效开发利用。两轮探矿权招标的探索，虽为完善页岩气矿权竞争性出让和建立矿权退出机制积累了有益经验，但目前来看，整个页岩气上游勘探开发的市场化竞争格局还远未形成，需要进一步完善矿权流转机制、进入与退出机制。

（3）页岩气地质地表条件复杂，勘探开发难度大

与美国海相页岩沉积、页岩气藏埋深较浅（1 500～3 500 m）、产层厚度大、地下构造简单不同，我国页岩气地质条件复杂，海相、海陆过渡相和陆相页岩具有发育；页岩气藏埋深较深，65%以上超过 3 500 m，部分页岩储层埋深超过5 000 m；地下构造破碎，缺乏大面积的稳定区；而且我国页岩气具有多层系分布、多种成因类型（热成因和生物成因等）、复杂的后期改造等特点，使得我国页岩气勘探开发难度加大。此外，与美国页岩气主要分布在平原区、地势相对平坦不同，我国页岩气主要分布在中西部山区、丘陵地带，地形复杂，地表条件差。美国相对简单的地表条件，可以大规模进行"工厂化"作业开采，而我国的页岩气地表条件不利于大规模进行"工厂化"作业，一定程度上也使得我国页岩气勘探开发难度加大。

（4）核心技术和关键装备水平有待进一步提高

目前，我国在重庆涪陵、长宁—威远、富顺—永川和邵通三大国家级页岩气示范区勘探开发过程中，初步形成了一系列适合我国页岩气资源开发的核心技术，包括资源评价技术、钻井技术和分段压裂技术等，但相关技术指标与美国相比还有一定的差距，如钻井周期长、自动化技术水平低和压裂周期长等。近年来，我国成功研制了压裂车、自然伽马测量仪、随钻感应电阻率测量仪、桥塞等关键装备，但装备在可靠性、时效性及测量精度方面和国外先进水平还有差距，装备性能仍有待提高。

（5）页岩气开发项目初期成本较高

目前，我国页岩气开发整体还处于探索和起步阶段，页岩气地质基础工作和地质理论研究还比较薄弱，地质地表条件复杂，核心技术和关键装备水平还有待提高，导致我国页岩气开发成本还比较高，初始水平井建井成本都在 1 亿元左右。近年来，随着核心技术和关键装备水平的日益提高，成本有所降低，水平井建井成本控制在 7 000 万元左右，但仍然高于国外水平井 4 000 万元左右的成本。

（6）输送管道等基础设施不完善

相比美国地面设施完备、输气管道遍布全国，我国地面设施还不够完备，天然气管网不够发达。截至 2019 年年底，我国已建成长输天然气管道总里程达 7.8 万 km，而美国输气管道的总里程为 55 万 km，我国输气管道总里程约为美国的 1/7，且输气能力有限。我国页岩气资源多集中在中西部地区，管网建设难度大、成本高。运输管道等基础设施的不完善，限制了页岩气的产能，不利于页岩气的外输和下游市场的有效开发。

（7）资料共享和信息公开制度亟待建立

通过页岩气开发资料的共享和信息透明公开，美国推动页岩气田开发少走了不少弯路，加快推进了页岩气的勘探开发。我国尚未建立资料共享制度，地质资料由少数页岩气开发公司掌握。页岩气勘探开发信息公开制度也未建立，勘探开发资料大都掌握在自然资源部和国有大型石油公司手里。自然资源部发布的信息不全而且比较分散；而国有大型石油公司较为熟悉开发区块条件，但核心资料却相当保密。为加速我国页岩气勘探开发，资料共享和信息公开制度亟待建立。

基于优化模型的我国
页岩气供应潜力测算 第2章

天然气供应优化模型是根据各气源的供应能力以及气源供给成本等信息构建的跨期供应优化模型，在给定某一时段内各时点上的天然气需求总量的前提下，以综合成本最小化为原则，测算满足各时点需求的最优气源结构。我国目前的气源主要包括常规天然气（含致密气）、页岩气、煤层气、煤制气、进口管道气和进口液化天然气等，因此利用天然气供给优化模型，可以在给定未来天然气需求情景的基础上，综合考虑各种环境保护及政策约束、各气源供给能力，按照成本最小化目标，测算我国未来页岩气的最优供给量。

2.1 我国天然气供应优化模型

2.1.1 建模思路

构建天然气供应优化模型遵循一般的能源系统优化模型的开发思路，包括目标函数、约束方程两方面内容。这类模型中各种政策情景下的最终结果都是通过优化技术路线来体现的。国际上比较有代表性的模型包括 TIMES、MARKAL 和 MESSAGE。此外，还有少部分模型没有采用优化思路，而是完全由模型操作者根据方案设定技术选择路线进行情景分析，这类模型有 LEAP 模型[①]等。在本书中，我们借鉴优化模型的思路，构建了一个简单的天然气多气源供应优化模型，由目标函数基于各气源动态成本信息构建而成，表明模型的优化目标是整个研究期内的成本最小化。约束方程主要包括两个方面，一是各气源的供应能力约束，二是

---

① http://forums.seib.org/leap/.

用于开展政策模拟的情景约束。

作为研究我国天然气供给结构优化的模型体系，各来源天然气的供应成本是至关重要的。目前，国内常规气主要集中在新疆、鄂尔多斯、四川等地，页岩气主要集中在川渝黔等地，煤层气主要集中在山西，由于各气源地的生产成本和产量结构相对稳定，本书将各地的气源供给简化成常规气（含致密气）、页岩气和煤层气三种气源供给，再考虑煤制气、进口管道气、进口液化天然气，本书重点研究的是这 6 类气源的供给结构。其中，4 类国产气选择出厂成本作为供给成本，2 类进口气选择到岸完税成本作为供给成本。在各气源的成本分析上，因为非常规气中的页岩和煤层气目前还处于开发初级阶段，未来随着技术进步可实现供给成本的持续降低；煤制气重点考虑未来煤价等要素对供给成本的影响；进口气主要分为管道气（PNG）和液化天然气（LNG），PNG 价格主要是长期协议价格，LNG价格中除部分长期协议价格外（长协 LNG），现货主要跟随亚洲现货市场价格（现货 LNG）。同时由于常规气、煤制气、PNG 远离用气负荷中心，而 LNG、煤层气、页岩气目前还以就近利用为主，因此还需要考虑运费带来的成本差异。

此外，根据我国天然气实际供应过程，以供需平衡为前提，未来各气源供应存在一些先后顺序。例如，PNG 和长协 LNG 的资源稳定性较高，考虑到照付不议的交易条件，这部分资源需要首先合理安排；国产常规气灵活性最大，未来常规气的产量将根据市场需求情况结合其他气源供应情况作为调节气源考虑；页岩气属于鼓励性生产资源，在天然气需求较大、常规气等天然气无法满足需求时，根据其成本情况，应尽可能按照产能进行开发供应；在天然气供大于求的情况下，考虑其规模，根据其成本情况，将其作为调节气源；煤层气也属于鼓励性生产资源，考虑到其巨大的安全效益，应尽可能按照产能进行开发供应；煤制甲烷 2030年产能有望达到 500 亿 m^3，但由于环境、能耗等多因素限制，应将煤制甲烷项目作为调节气源，根据气源供应紧张情况进行压减和增产；现货 LNG 相对灵活，可根据市场价格灵活调整。由于我国目前签订的长协 LNG 价格普遍偏高，因此，在天然气需要增大条件下，可以适当考虑配置一些价格较低的现货 LNG 以平抑价格。尽管长远来看天然气水合物（可燃冰）有望实现商业化，但 2030 年之前，这 6 类气源仍将作为主要供应气源。最后，从保障天然气供应安全的角度出发，进口天然气的对外依赖应尽可能降低。

2.1.2　基本原理

首先，天然气供应优化模型要确保各来源天然气能够满足外生的天然气需求（DM）：

$$\sum \text{Sup}_i \leqslant \text{DM} \tag{2-1}$$

式中，Sup 表示供应，$i \leqslant 6$，$i=$ 常规气，页岩气，煤层气，煤制气，LNG，PNG。

其次，各来源天然气要满足一些条件，在鼓励页岩气和煤层气发展情景下，尽可能用足页岩气和煤层气的供给能力，此外，进口气应满足能源安全，即（$\text{Sup}_{LNG}+\text{Sup}_{PNG}$）/（$\text{Sup}_{常规气}+\text{Sup}_{页岩气}+\text{Sup}_{煤层气}+\text{Sup}_{煤制气}+\text{Sup}_{LNG}+\text{Sup}_{PNG}$）$\leqslant 0.4$；在总供应成本最小情景下，按照供应成本最小化原则依次满足天然气总需求。

模型的目标函数即在满足国内天然气总消费需求情况下的天然气供给总成本最小化，总成本函数为

$$\sum T_{COST}=\text{Sup}_{常规气\,COST}+\text{Sup}_{页岩气\,COST}+\text{Sup}_{煤层气\,COST}+\text{Sup}_{煤制气\,COST}+\text{Sup}_{LNG\,COST}+\text{Sup}_{PNG\,COST}$$

2.1.3　我国各气源的供应能力分析

2.1.3.1　国内天然气资源禀赋

（1）常规气资源情况

我国常规气资源比较丰富。原国土资源部《2013 年全国油气资源勘探开发成果丰硕》显示，截至 2013 年年底，我国常规气地质资源量为 62 万亿 m^3，全国天然气累计探明地质储量为 11.58 万亿 m^3。2015 年，我国天然气探明地质储量仍保持"十二五"时期以来持续增长态势，新增探明地质储量 6 772.20 亿 m^3，新增探明技术可采储量 3 754.35 亿 m^3。截至 2015 年年底，剩余技术可采储量 51 939.45 亿 m^3 [①]。总体上看，我国常规气勘探处于初期阶段，资源潜力较大，具备天然气快速发展的资源基础。

---

① 国土资源部：《中国矿产资源报告（2016）》，2016 年。

（2）页岩气资源情况

我国页岩气资源潜力大，分布面积广、发育层系多，开发前景广阔。根据国土资源部 2012 年 3 月发布的《中国陆域页岩气资源潜力评价初步成果》，我国陆上页岩气地质资源潜力和可采资源潜力分别为 134.50 万亿 m^3 和 25.08 万亿 m^3（不含青藏区）。页岩气主要分布在上扬子及滇黔桂、华北及东北、中下扬子及东南和西北区（表 2-1）。

表 2-1　分地区页岩气资源情况　　　　　　　　　　单位：万亿 m^3

地区	地质资源量	可采资源量
上扬子及滇黔桂区	62.66	9.93
华北及东北区	26.78	6.70
中下扬子及东南区	25.16	4.64
西北区	19.90	3.81
合计	134.50	25.08

资料来源：根据原国土资源部等资料分析、整理。

我国页岩地层在各地质历史时期发育良好，并形成了海相、海陆交互相和陆相等多种类型富有机质页岩层系。其中，三大海相页岩气区域主要包括南方古生界海相页岩、华北地区下古生界海相页岩、塔里木盆地海相页岩；五大陆相页岩盆地主要包括松辽盆地、准噶尔盆地、鄂尔多斯盆地、吐哈盆地、渤海湾盆地（表2-2）。全国含气页岩分布面积多达 200 万 km^2，具有富含有机质页岩的地质条件。

表 2-2　页岩气资源地理分布

积页岩	分布地区
海相	南方，西北塔里木，以上扬子地区为主
海陆交互相	西南，北方，以华北、滇黔桂、西北地区为主
陆相	大中型含油气盆地，以松辽、渤海湾、鄂尔多斯、准噶尔等为主，大量中小盆地也广泛发育

其中，我国海相页岩气地质资源量为 59.1 万亿 m^3，占全国总量的 44.0%，可采资源量为 8.2 万亿 m^3，占全国总量的 32.7%；海陆过渡相地质资源量为 40.1 万亿 m^3，占全国总量的 29.8%，可采资源量为 9.0 万亿 m^3，占全国总量的 35.8%；陆相地质资源量为 35.3 万亿 m^3，占全国总量的 26.2%，可采资源量为 7.9 万亿 m^3，占全国总量的 31.5%（表 2-3）。

表 2-3   分类页岩气资源量情况

	地质资源量		可采资源量	
	总量/万亿 m^3	占全国比重/%	总量/万亿 m^3	占全国比重/%
海相	59.1	44.0	8.2	32.7
海陆过渡相	40.1	29.8	9.0	35.8
陆相	35.3	26.2	7.9	31.5

资料来源：国土资源部《中国陆域页岩气资源潜力评价初步成果》，2012。

截至 2016 年年底，我国累计探明页岩气地质储量 5 441.3 亿 m^3，累计产量 136.2 亿 m^3，资源探明率 0.4%，探明储量采出程度 2.5%，剩余可采储量 1 224.1 亿 m^3（国务院发展研究中心资源与环境政策研究所，2017）。"十三五"时期是我国页岩气发展的关键期，进入页岩气开发技术试验与工业化应用阶段；2021—2025 年将是我国页岩气快速发展期，有望进入大规模开发利用阶段，海相页岩气资源核心开发区基本全部落实，陆相—过渡相页岩气取得重大突破，页岩气勘探开发技术体系基本完善、配套和规模化应用，预计新增探明地质储量 10 000 亿 m^3；预计 2025—2030 年以后将形成便捷、高效、低成本和环境友好的页岩气勘探开发配套技术体系，新增探明地质储量 12 000 亿 m^3（表 2-4）。

表 2-4   全国页岩气储量预测

单位：亿 m^3

	2015 年	2020 年	2025 年	2030 年
新增探明地质储量	4 373	8 000	10 000	12 000
累计探明地质储量	5 440	10 000	20 000	32 000

资料来源：国务院发展研究中心，2016 年。

（3）煤层气资源情况

我国煤层气资源丰富，其特点表现为含煤盆地多、含煤层系多、煤种全、煤层气藏类型多。由于我国含煤盆地类型和聚煤环境差异较大，后期构造运动改造强烈，使我国的煤层气资源蕴藏在非常复杂的地质环境中，煤层气资源主要分布在北方三区（西部区、中部区、东部区）和九大盆地（伊犁、准格尔、塔里木、吐哈、鄂尔多斯、沁水、海拉尔、二连、滇东黔西盆地）。

全国油气资源动态评价显示，我国 2 000 m 以浅煤层气地质资源量 36.8 万亿 m^3（表 2-5）。从技术上来看，20 年内可被勘探开发；2 000～4 000 m 范围的煤层气资源量约为 50 万亿 m^3，这部分埋藏较深的资源由于开发成本较高，在短期内难以利用，但随着技术进步和成本降低、气价提高，在未来也有可能得以开发利用。

表 2-5　我国 3 000 m 以浅煤层气资源量

深　度	储量/万亿 m^3	占比/%
＜1 000 m	14.3	26.0
1 000～1 500 m	10.6	19.3
1 500～2 000 m	11.9	21.6
小　计	36.8	66.9
2 000～3 000 m	18.2	33.1
合　计	55.0	100

根据美国成熟地区煤层气采收率估计，一般煤层气资源可采系数为 10%～50%，中值为 30%，据此推算我国 2 000 m 以浅煤层气可采资源量约 10 万亿 m^3。有专家测算，按 45%资源量可转化为探明储量推算，可转化煤层气资源量为 16.6 万亿 m^3，可采储量按 50%计算，约为 8.3 万亿 m^3。按照平均年产量 500 亿 m^3 计算，储采比可达 160 余年。我国煤层气资源更加靠近东中部人口稠密地区的市场（表 2-6），如果技术能够突破，其经济效益将极为突出。

"十二五"期间，我国煤层气累计新增探明地质储量 3 504.89 亿 m^3，较"十一五"时期增加 1 844.80 亿 m^3，增长 111.1%。2015 年，全国煤层气勘查新增探明地质储量 26.34 亿 m^3，新增探明技术可采储量 13.17 亿 m^3。截至 2015 年年底，全国煤层气剩余技术可采储量 3 063.41 亿 m^3。

表2-6　我国2 000 m以浅煤层气资源分布

资源分布	储量/万亿 m³	占比/%
东部地区	11.3	30.7
中部地区	10.5	28.5
西部地区	10.4	28.3
南部地区	4.6	12.5
合　计	36.8	100

（4）煤制气发展情况

目前，我国投产的煤制气项目主要包括内蒙古大唐克旗煤制气，产能规模预计达到 40 亿 m³/a；新疆庆华煤制气，产能规模 55 亿 m³/a，一期建设 13.75 亿 m³/a，于 2013 年 12 月进入试运行；新疆伊犁新天煤制气 20 亿 m³/a 的产能规模已基本建成。其他核准在建的煤制气项目产能规模约 128 亿 m³/a，其中包括辽宁大唐阜新煤制气产能规模 40 亿 m³/a、内蒙古神华鄂尔多斯煤制气产能规模 20 亿 m³/a。在建及投产的煤制气项目如表 2-7 所示。

表2-7　全国投产及在建煤制气项目

类别	项目名称	投产日期	投产规模/（亿 m³/a）	总产能规模/（亿 m³/a）
投产	内蒙古大唐克旗煤制气	2013 年	13.3	40
	新疆庆华煤制气	2013 年	13.75	55
	新疆伊犁新天煤制气	2015 年	—	20
在建	辽宁大唐阜新煤制气	—	—	40
	内蒙古神华鄂尔多斯煤制气	—	—	20
其他				68

尽管目前已发路条的煤制气项目总量达到 842 亿 m³/a（表 2-8），但是根据现有项目进展情况，并综合考虑全球油气未来价格走势，预计煤制气项目难有较好的发展前景，大部分项目的建成时间预计将大大延后。

表 2-8　全国已发路条的煤制气项目　　　　　　　　　　单位：亿 m^3/a

序号	所属省份	项目名称	总产能
1	内蒙古	新蒙能源投资股份有限公司煤制甲烷项目	40
2	内蒙古	鄂尔多斯煤制甲烷工业园暨 120 亿 m^3 煤制甲烷	120
3	内蒙古	国电内蒙古兴安盟煤制甲烷项目	40
4	内蒙古	华能伊敏煤制甲烷	40
5	内蒙古	内蒙古华星能源有限公司煤制甲烷项目	40
6	新疆	华能新疆煤制甲烷	40
7	新疆	中电投新疆霍城煤制甲烷（分三期）	60
8	新疆	新疆富蕴广汇煤制甲烷	40
9	新疆	中煤能源新疆煤制甲烷	40
10	新疆	国电平煤煤制甲烷	40
11	新疆	新疆龙宇煤制甲烷	40
12	新疆	华电新疆煤制甲烷（西黑山煤制甲烷）	40
13	新疆	中国石化长城能源煤制甲烷	80
14	新疆	新疆伊犁新天煤制甲烷（新汶一期）	20
15	新疆	苏新能源和丰新疆煤制甲烷	40
16	新疆	中电投伊南煤制甲烷项目（分三期）	60
17	山西	中海油山西大同煤制甲烷	40
18	安徽	安徽淮南煤制甲烷示范项目	22
合　计			842

（5）可燃冰资源情况

可燃冰即天然气水合物，分布于深海沉积物或陆域的永久冻土中，是由天然气与水在高压低温条件下形成的类冰状结晶物质。因其外观像冰一样而且遇火即可燃烧得名，又被称作"固体瓦斯"和"气冰"。可燃冰是一种新型高效能源，其成分与平时所使用的天然气相近，而且更为纯净，开采时只需将固体的"天然气水合物"升温减压就可释放出大量的甲烷气体。1 m^3 的天然气水合物分解后可生成 164～180 m^3 的天然气。

1999 年，我国正式启动了对海域内可燃冰资源的专项调查与研究。2007 年，首次在南海北部神狐海域通过钻探成功获取了可燃冰实物样品。2008 年，在青海祁连山冻土区成功钻获可燃冰样品，证实我国是既有海域可燃冰又有陆域可燃冰的少数国家之一。2013 年，在珠江口盆地东部海域首次钻获高纯度可燃冰，其具有埋藏浅、厚度大、类型多、纯度高四大特点。通过实施 23 口钻探井，控制可燃冰分布面积 55 km²，控制储量相当于 1 000 亿～1 500 亿 m³ 天然气。通过对可燃冰开展实质性的调查和研究，得知我国可燃冰主要分布在南海海域、东海海域、青藏高原冻土带以及东北冻土带，据粗略估算，其资源量分别约为 64.97 万亿 m³、3.38 万亿 m³、12.5 万亿 m³ 和 2.8 万亿 m³。2017 年 5 月，国土资源部中国地质调查局宣布，我国在南海首次成功完成了可燃冰试采工作，实现了连续 8 天稳定产气，这也是世界上对于此种类别的可燃冰的第一次试开采成功，预计 2030 年前后我国可燃冰有望实现商业化开采，届时可燃冰将成为保障我国供气安全的又一重要气源。

（6）生物质燃气资源情况

生物质燃气是利用农作物秸秆、林木废弃物、食用菌渣、禽畜粪便及一切可燃性物质作为原料转换成的可燃性能源。据统计，2015 年全国主要农作物秸秆理论资源量为 10.4 亿 t，可收集资源量为 9.0 亿 t，利用量为 7.2 亿 t，秸秆综合利用率为 80.1%。其中，秸秆肥料化利用量 3.9 亿 t，占可收集量的 43.3%；秸秆饲料化利用量 1.7 亿 t，占可收集量的 18.9%；秸秆基料化利用量 0.4 亿 t，占可收集量的 4.4%；秸秆燃料化利用量 1.0 亿 t，占可收集量的 11.1%；秸秆原料化利用量 0.2 亿 t，占可收集量的 2.2%。如果将作为燃料、食用菌生产以及还田使用的秸秆都回收利用转换沼气，作为饲料的秸秆也以养殖废弃物形态转换沼气，则直接和间接可以利用的秸秆或与秸秆相关的废弃物，以及一些养殖种植垃圾和水生废弃物可超过 7.5 亿 t，可转换商品气 1 732 亿 m³（表 2-9）。

表 2-9　部分可以商业化利用的生物质燃气资源量

项目	沼气量/亿 m³	甲烷含量/%	天然气量/亿 m³
农业秸秆	2 887.00	60	1 732.00
城市污水	29.60	60	17.76
酒精废水	26.25	60	15.75
奶牛场	52.56	60	31.54
养猪场	171.57	55	94.36
养鸡场	127.75	65	83.04
垃圾场填埋气	230.00	55	126.50
合　计	3 524.73	—	2 100.95

2.1.3.2　进口天然气现状

（1）进口管道气资源情况

我国已形成了中亚、中缅、中俄三大管道气进口通道，其中中俄东线天然气管道自 2019 年 12 月正式投产通气。

1）中亚管道气进展

我国进口中亚管道气资源来自土库曼斯坦、乌兹别克斯坦和哈萨克斯坦三国。《BP 世界能源统计年鉴 2021》显示，截至 2020 年年底，土库曼斯坦境内天然气剩余探明可采储量为 13.6 万亿 m^3、乌兹别克斯坦为 0.3 万亿 m^3、哈萨克斯坦为 2.3 万亿 m^3，3 个国家天然气剩余探明可采储量占全球的比例为 8.80%（表 2-10），其中土库曼斯坦剩余探明可采储量仅次于伊朗、俄罗斯、卡塔尔，位居全球第四。

表 2-10　中亚气进口国资源情况

国家	剩余探明可采储量/万亿 m^3	占全球比重/%	2015 年产量/亿 m^3	储采比/%
土库曼斯坦	13.6	7.20	590	230.7
乌兹别克斯坦	0.3	0.40	471	18.0
哈萨克斯坦	2.3	1.20	317	71.2
合计	16.2	8.80	1 378	—

资料来源：《BP 世界能源统计年鉴 2021》。

自 2007 年中土签署 300 亿 m^3 天然气资源以来，截至 2013 年年底中亚管道已签署天然气资源量 800 亿～850 亿 m^3：

2006 年 4 月，我国和土库曼斯坦签署了《中土天然气合作总协议》，为我国进口中亚管道气打下了坚实基础。

2007 年 7 月 17 日，中国石油天然气集团公司分别与土库曼斯坦油气资源管理利用署和国家天然气康采恩签署了《中土天然气购销协议》《土库曼斯坦阿姆河右岸天然气产品分成合同》。根据协议，从 2009 年开始在未来 30 年内土库曼斯坦通过中亚管道向中国每年出口 300 亿 m^3 的天然气。

2008 年 8 月，中国与土库曼斯坦再次签署《扩大 100 亿 m^3 天然气合作框架协议》，至此土库曼斯坦向我国输气协议规模达到每年 400 亿 m³。

2013 年 9 月 4 日，中国石油天然气集团公司与土库曼斯坦国家天然气康采恩签署了《中国石油天然气集团公司和土库曼斯坦康采恩关于土库曼斯坦增供 250 亿 m³/a 的购销协议》，根据协议，在现有供气基础上，土库曼斯坦还将逐步增加向中国的供气量，预计到 2020 年土库曼斯坦每年向中国出口天然气总量可达 650 亿 m³。

2008 年 10 月 31 日，中国石油天然气集团公司与哈萨克斯坦国家石油天然气股份公司签署了《关于在天然气及天然气管道领域扩大合作的框架协议》。根据协议，哈方在保证每年提供 50 亿 m³ 天然气资源进入中哈天然气二期管道的基础上，还将采取一切必要措施，保证中国石油阿克纠宾油田生产的天然气进入中哈天然气二期管道进行输送。同时，双方将扩大在天然气领域的合作，共同研究和推动合作开发乌里赫套凝析气田，在满足哈国南部地区天然气需求的情况下，组织每年 50 亿～100 亿 m³ 的哈萨克斯坦天然气出口到中国。

2011 年 2 月 22 日，中国石油天然气集团公司与哈萨克斯坦国家石油天然气股份公司签署了《关于哈萨克斯坦乌里赫套项目合作的原则协议》，根据协议，中哈双方将按 50:50 的权益成立合资企业，联合勘探开发哈萨克斯坦乌里赫套气田。该气田将为中哈天然气管道二期提供气源保障，二期工程始于哈萨克斯坦曼格斯套州的别伊涅乌，在南哈萨克斯坦州的奇姆肯特与中亚天然气管道相连，设计输气能力为 100 亿 m³/a。

2010 年 6 月 9 日，中国石油天然气集团公司与乌兹别克斯坦国家油气公司签署了《关于天然气购销的框架协议》。根据协议，乌兹别克斯坦将每年向中国供应天然气 100 亿 m³，实现乌兹别克斯坦管道输气系统与中乌天然气管道系统连接。我国与中亚各国签署的天然气购销合同见表 2-11。

表 2-11 我国与中亚各国的天然气购销合作

签署单位	签署时间	签署资源量/亿 m³	签署文件
中国石油天然气集团公司与土库曼斯坦油气资源管理利用署	2007 年 7 月	300	《中土天然气购销协议》

签署单位	签署时间	签署资源量/亿 m³	签署文件
中国石油天然气集团公司与土库曼斯坦国家天然气康采恩	2008 年 8 月	100	《扩大 100 亿 m³ 天然气合作框架协议》
中国石油天然气集团公司与哈萨克斯坦国家石油天然气股份公司	2008 年 10 月	50～100	《关于在天然气及天然气管道领域扩大合作的框架协议》
中国石油天然气集团公司与乌兹别克斯坦国家油气公司	2010 年 6 月	100	《关于天然气购销的框架协议》
中国石油天然气集团公司与土库曼斯坦国家天然气康采恩	2013 年 9 月	250	《中国石油天然气集团公司和土库曼斯坦康采恩关于土库曼斯坦增供 250 亿 m³/a 的购销协议》

2）中缅管道气进展

缅甸蕴藏丰富的天然气，已探明地质储量 2.54 万亿 m³，是世界第十大天然气资源国，天然气资源主要集中在临海盆地，近年来在海上马达盆地及若开盆地相继发现了 Yetagun、Yanada、Shwe 及 ShwePhyu 四个大型气田。《BP 世界能源统计年鉴 2016》显示，缅甸天然气剩余探明可采储量为 0.5 万亿 m³，2015 年天然气产量为 196 亿 m³，储采比大于 27。中缅天然气管道资源来源于缅甸若开邦沿岸以外海域 A1 和 A3 油气区块及尚在勘探的潜在资源，若开邦近海地区 A1 区块上的 Shwe、ShwePhyu 和 A3 区块上的 Mya 三个气田的总储量为 0.136 万亿～0.244 万亿 m³。

3）中俄管道气进展

俄罗斯是世界天然气资源最为丰富的国家之一，《BP 世界能源统计年鉴 2016》显示，2015 年俄罗斯天然气探明储量为 32.3 万亿 m³，占全球总探明储量的 17.3%，仅次于伊朗位居世界第二位；天然气产量为 5 733 亿 m³，占全球总产量的 16.2%，仅次于美国，位居世界第二位；天然气消费量为 3 915 亿 m³，占全球消费总量的 11.3%，仅次于美国，位居世界第二位。中俄天然气东线管道主供气源地为俄罗斯东西伯利亚的伊尔库茨克州科维克金气田和萨哈共和国恰扬金气田。俄罗斯自然资源部官方网站公布的信息表明，伊尔库茨克州天然气预测可采储量为 7.5 万亿 m³。截至 2011 年 3 月，科维克金凝析气田的天然气 C1+C2 级储量约为 2 万亿 m³，该气田勘探开发潜力巨大，天然气年均开采量可保证在 300 亿 m³ 以上。恰扬金气田 C1+C2 级储量约为 0.9 万亿 m³。

（2）进口 LNG 现状与合同签订情况

1）进口 LNG 现状。

2017 年，我国进口 LNG 493 亿 m³，LNG 进口始于 2006 年，广东大鹏 LNG 项目一期工程的投产标志着我国进口 LNG 时代的到来。随后莆田、上海等 LNG 项目相继建成投产，我国进口 LNG 的发展速度不断加快。截至 2017 年年底，我国已投产 18 个 LNG 接收终端，合计 LNG 年接收能力为 5 960 万 t。

我国沿海部分 LNG 接收站见表 2-12。

表 2-12　我国沿海部分 LNG 接收站　　　　　　　　　　单位：万 t

公司	情况	接收站	建成时间	年处理能力	
				1 期	2 期
中海油	建成	广东大鹏	2006 年	680	
		福建莆田	2008 年	520	
		上海洋山	2009 年	300	600
		天津浮式	2013 年	220	
	在建	广东珠海	2013 年	350	700
		浙江宁波	2012 年	300	600
中石油	建成	江苏如东	2011 年	350	650
		辽宁大连	2011 年	300	600
	在建	河北唐山	2013 年	350	650
		深圳大铲湾	2013 年	300	600
		海南洋浦	2014 年	300	
中石化	在建	山东青岛	2013 年	300	
		广西北海	2014 年	300	
华电	前期	广东江门	2018 年	300	
新奥	前期	浙江舟山	2017 年	300	300
广汇、壳牌	—	江苏启东	—	60	300
合计				5 230	5 000
总计				10 230	

2）LNG 贸易和资源合同签订情况

2016 年，随着美国成为我国新的天然气进口来源国，我国 LNG 进口来源国已经增加到 18 个，2016 年我国从澳大利亚进口 LNG 大幅增长，达到 1 198 万 t，同比增长 116%。通过第三方转运等方式，2016 年我国首次接收美国 LNG，总计 3 船 19.9 万 t。

天然气进口仍以中国石油、中国石化和中国海油为主导，其他企业介入程度逐步加深。2016 年，三大石油公司进口天然气合计 706 亿 m³，占全国进口量的 97.9%。北京燃气、广东九丰、中国燃气等城镇燃气公司、发电企业积极到海外获取资源，以签署液化天然气贸易合同和现货采购等方式不断加大进口力度，2016 年进口天然气 15 亿 m³，占进口量的 2.1%。新奥—道达尔、新奥—雪佛龙、新奥—Origin、九丰—马国油、九丰—雪佛龙等新签署各类天然气贸易合同合计近 300 万 t/a，合同期限以 10 年之内的中短期为主，此外，深圳燃气、新疆广汇、广州燃气等也正在积极推进 LNG 采购协议谈判。

我国目前与主要国际公司签订的进口 LNG 长协合同见表 2-13。

表 2-13　我国目前与主要国际公司签订的进口 LNG 长协合同　　　单位：万 t

进口国及公司	合同量
澳大利亚	2 415
卡塔尔	800
马来西亚	300
印度尼西亚	260
俄罗斯	300
英国 BP	150
荷兰壳牌	150
其他	570
合计	4 945

2.1.4　各天然气来源的成本

2.1.4.1　常规天然气开采成本分析

（1）常规天然气开采流程

常规天然气也同原油一样埋藏在地下封闭的地质构造之中，有些和原油储藏在同一层位，有些单独存在。对于和原油储藏在同一层位的天然气，会伴随原油一起开采出来。天然气开采过程中，首先利用直井钻井技术钻入蕴藏有天然气的地层中，然后下油管和套管，装好井口下油管带射孔枪射孔，天然气就顺着射孔枪在套管上射开的孔中出来。由于天然气密度小，为 $0.75\sim0.8\ kg/m^3$，井筒气柱对井底的压力小；黏度小，在地层和管道中的流动阻力也小；又由于膨胀系数大，其弹性能量也大。因此，天然气开采一般采用自喷方式。

（2）常规天然气开采技术

目前国内外已形成 10 项天然气开采技术，分别是气层保护及完井技术、高效射孔技术、气井增产措施技术、排水采气技术、气井试井及动态监测技术、采气作业安全控制技术、低压气井集输工艺技术、修井技术、防腐防水合物技术和一井双管采气技术。常规天然气开采技术主要为气田的排水采气技术和气井增产措施技术。

1）排水采气技术

该技术是水侵气田生产中常见的采气工艺，发展了优选管柱、泡沫、柱塞、气举、电潜泵和射流泵等技术。该项技术应用的关键是人工助排时间的选择，过早不经济，过晚待气井水淹严重时，气相渗透率急剧下降，影响采气效果。国外产水气田的排水采气技术应用始于 20 世纪初，发展较为成熟，应用后采收率提高了 20%。随着对水驱气机理的实验与研究，单井排水采气技术除发展了气举、机抽、电潜泵等多种成套技术，已经广泛应用，并取得了巨大的经济效益外，同时还进行了排水采气技术与装备、井下作业、修井技术的系列配套研究；进行了连续油管在排水采气技术中的应用研究；研究应用了能提高气井产量、降低操作和处理费用的井下气水分离、回注系统，喷射气举、腔式气举、射流泵和气举组合开采等新工艺、新技术；发展了胶带传动游梁式等多类型抽油机；开发了可实施气举等各种用途的新型天然气压缩机组和气举阀，耐高温、耐硫化氢腐蚀、防气的大功率电潜泵和高抗腐蚀、高耐磨性的特制陶瓷射流泵，以及智能人工举升配套装备，使排水采气技术逐步向遥控、集中、高度自动化、智能化举升方向发展。

近几年，针对我国气田地下地质条件，国内学者也研究了许多排水采气的新工艺，各有各的特点和适用条件，丰富了含水气田的排水采气技术体系，并在现场取得了成功，如组合排水采气工艺技术、连续油管深井排水采气技术、球塞气举排水采气工艺等。

2）气井增产措施技术

气井增产措施是指向气层中注入某一种或几种物质，通过与地面岩石或这些物质本身相互间在某一特定条件下所产生的物理或化学反应，提高或恢复气层的渗透性，从而提高施工井产气能力的工艺措施，主要有压裂、酸化、爆炸等。

国外在低渗改造方面，增产措施已从单井的增产处理发展为对整个气田进行总体改造，发展应用了特大型水力压裂、高能气体压裂、改变压力场压裂、注二氧化碳压裂、氮压裂、泡沫压裂等新型酸化压裂技术。国内压裂技术已普遍应用于低渗透储层的改造，特别是随着大型和特大型低渗透储层气藏的相继发现，通过引进国外先进技术、装备和组织攻关、试验研究，基本上形成了与不同储层相适应的一系列压裂及配套技术，取得了显著的增产效果。

我国在低渗透储层增产措施方面，取得了较大的发展，各种增产措施已成为改善天然气开发效果和保持天然气产量稳定增长的重要因素。以四川气田为例，通过对 3 000 口气井进行酸化压裂作业，增加的产能占当年新增产能的 1/4～1/3，近年来又发展了稠化酸、前置液、泡沫酸化技术和多级注入闭合酸化压裂技术，使酸蚀缝长由 10～20 m 增加到 40～50 m。

（3）常规天然气开采成本分析与成本预测

国产常规气的成本取决于国内勘探开发生产情况，其生产成本远远低于进口气，井口价格为 0.6～0.7 元/m³，目前我国常规气勘探开发及生产技术比较成熟，未来将维持该出厂价格水平。

2.1.4.2 页岩气开采成本分析

（1）页岩气开采流程

页岩气开采过程中，首先利用传统的直井钻井技术钻入蕴藏有页岩气的地层中。当钻机触及地下页岩时，钻头转向水平，开凿出水平井，水平井横贯储藏有天然气的页岩层。然后分段实施水力压裂，把水、某些化学制剂及沙子灌入井中，促使岩层产生裂缝，进而使困于页岩内的天然气释放出来，从页岩内流入井里，最后将页岩气抽采到地表。

（2）页岩气开采技术

页岩气开采技术，主要包括水平井钻井技术、多级压裂技术、清水压裂技术、重复压裂技术及同步压裂技术。

水平井钻井技术是页岩气成功发展的核心技术之一，深受业界重视。与直井相比，水平井成本虽然是直井的 2～3 倍，但产量却是直井的 3～5 倍。水平井提高了与页岩层中裂缝接触的可能性，增大了与储层中气体的接触面积，在直井收效甚微的地区，水平井开采效果良好。同时，水平井减少了地面设施，开采延伸范围大，避免了地面不利条件的干扰。当前，国外常用的水平井钻井技术有欠平衡钻井、旋转导向钻井、控制压力钻井、随钻测井技术（LWD）和随钻测量技术（MWD）等。

多级压裂技术是利用封堵球或限流技术分隔储层不同层位进行分段压裂，是页岩气水力压裂的主要技术。

清水压裂技术采用清水添加适当的减阻剂、黏土稳定剂和表面活性剂等作为压裂液，可以改善页岩气层的渗透率，提高导流性，减小地层损害，是页岩气井最主要的增产措施。

重复压裂技术是在老井中再次进行水力压裂，直井中的重复压裂可以在原生产层再次射孔，注入的压裂液体积至少比其最初的水力压裂多出 25%，可使采收率增加 30%～80%，水平井的重复压裂必须设法隔离初始压裂层位，新的压裂层位必须是未压裂过的区域。

同步压裂技术指对两口或两口以上的配对井同时进行压裂，以促使其在水力裂缝扩展过程中相互作用，对相邻且平行的水平井交互作业，增加改造体积。同步压裂的目的是用更大的压力和更复杂的网络裂缝压裂泥页岩，从而提高初始产量和采收率。

（3）页岩气开采成本分析

页岩气的开采成本主要包括：购置成本，包括勘探权、采矿权和租赁成本（占地成本）；勘探成本，包括地震勘探、钻井勘探和地质综合调查；开发成本，以钻井和完井成本为主，还包括地面设施设备成本，建筑、通信、道路、桥梁和管道建设等费用；操作成本，包括租赁营业费用、行政费用、销售费用、矿产资源补偿费、财务费用开支等；各种税收，包括增值税、建筑税、教育附加费、资源税、收入所得税。这其中以开发成本和操作成本为主。

1）购置成本

勘探权：在我国，油气资源等矿业的所有权都属于国家，勘探权是国家实行矿业权有偿取得制度的组成部分。根据《矿产资源勘查区块登记管理办法》有关规定：申请国家出资勘查并已经探明矿产地的区块的探矿权的，探矿权申请人除依照本办法的规定缴纳探矿权使用费外，还应当缴纳经评估确认的国家出资勘查形成的探矿权价款。

我国当前实行的探矿权使用费制度是按年度、按面积收取费用。设置探矿权使用费的目的在于维护国家对矿产资源的所有权益，避免占用矿地面积过大、时间过长的弊端，保证探矿权人的合法权利。

采矿权：对国家所有的矿产资源享有的占有、开采和收益的一种特别法上的物权。我国采矿权的收费标准为：①采矿登记办证费，大型矿山 500 元、中型矿山 300～500 元、小型矿山 200～300 元。②采矿权使用费，每平方千米 1 000 元。

为了加速开发页岩气，当前我国不收取页岩气的勘探权和采矿权费用。

占地成本：永久占地补偿费标准为 15 000 元/亩，临时占地补偿费标准为 2 000 元/亩。

2）勘探成本

不同调查地区的勘探成本是不同的。根据勘探井的数量及勘探成功率，可以粗略估算勘探成本。

$$勘探成本 = 地震勘探成本 + 探井费用 + 其他费用$$

地震勘探成本包括二维地震勘探成本和三维地震勘探成本，由以下公式计算：

$$地震勘探成本 = 二维地震测线长度 \times 单位长度成本 + 三维地震勘探面积 \times 单位面积成本$$

探井费用可由以下公式简化计算：

$$探井费用 = 探井井数 \times 探井平均进尺 \times 单位进尺成本$$

3）开发成本

开发成本以钻井成本和完井成本（主要为压裂成本）为主。

钻井成本：钻井成本是页岩气开发成本中最大的一部分，占开发成本的 40%～60%。钻井成本直接受钻井水平长度和垂直长度的影响。

压裂成本：压裂成本是页岩气开发的另一个重要成本。预测压裂成本的相关研究较少。

地面设施设备成本：地面设施设备成本也是一个重要的成本。由于页岩气单井产量的急速下降，需要钻探更多的井，这需要更多的设备支持。

4）操作成本

操作成本是生产运营的费用，也是生产成本的一个重要因素。

5）税收

我国的税收主要包括增值税、建筑税、教育附加费、资源税、收入所得税。根据企业调研，2017 年增值税税率为 8.5%、建筑税税率为 7%、教育附加费税率为 3%、资源税税率为 5%、收入所得税税率为 25%。运用现金流模式不包括收入所得税，但基本税包括建筑税和教育附加费。

（4）页岩气成本预测

页岩气的成本取决于国内勘探开发生产情况，目前涪陵页岩气成本在 1.35 元/m³ 左右，还有补贴 0.3 元/m³，单考虑成本，页岩气有价格竞争优势，且国家政策鼓励页岩气发展。未来随着技术的不断突破，我国页岩气生产成本将会大幅下降。美国的学习曲线表明非常规油气开发初期的成本处于最高水平，当技术水平提升和实践经验积累达到一定的程度，成本必定下降。我国页岩气尚处于学习曲线的起始阶段，需要高度重视研究学习规律，寻求学习曲线加速效应，加快技术进步、成本下降、产量上升的进程。

1）页岩气学习曲线

以四川盆地川东北页岩气水平井为例，平均单段压裂费用下降幅度大，压裂费用下降幅度大，由第一轮的 515 万元下降到第二轮的 341 万元，然后进一步下降到第三轮的 298 万元。通过莱特公式进行计算，可得页岩气开发成本学习曲线（图 2-1）。

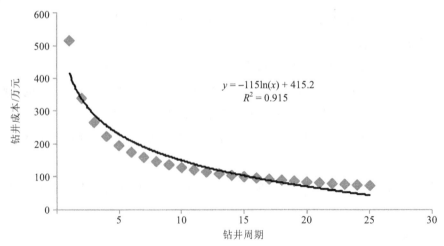

$$y = -115\ln(x) + 415.2$$
$$R^2 = 0.915$$

图 2-1　页岩气开发成本学习曲线

2）页岩气成本曲线

通过页岩气学习曲线，最终得到页岩气成本变化曲线（图 2-2）。

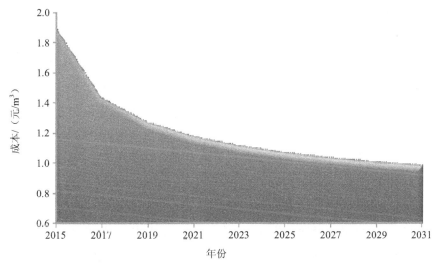

图 2-2　页岩气成本变化曲线

2.1.4.3　煤层气开采成本分析

（1）煤层气开采流程

煤层气的开采流程主要包括资源勘探和评价、钻井开采、加工处理和储存运输 4 个阶段。煤层气的开采主要有两种方式：地面钻井抽采和煤矿井下抽采。地面钻井抽采方式下开发效率高，煤层气的产气量大、产气时间长、甲烷含量高，可以支撑大规模的商业化利用。而煤矿井下抽采方式下的煤层气产量较小、甲烷浓度不高，多以煤矿安全生产为目的，大部分煤层气资源被放空，煤层气的利用率相对较低。人规模的产业化开采主要采取地面钻井抽采方式。

（2）煤层气开采主要技术

煤层气开采技术主要包括钻井完井技术、强化增产措施、井网布置、排采工艺 4 个方面。其主要目的可以概括为：保护煤层自身稳定性，确保开采过程中不受污染和强烈扰动；改善煤储层渗透性，提高导流能力；最大限度降低储层压力，促使更多煤层气解吸，提高采收率。

1）多分支水平井技术

煤层气多分支水平井与常规油气井有本质的不同，它由多分支水平井和洞穴井组成水平井组，创新了分支水平井技术、远距离连通技术、地质导向技术、欠平衡钻井技术等，是一项具有独特技术、施工难度高的系统工程。

目前，我国初步掌握了水平井眼侧钻技术、钻具组合优化设计技术、井眼轨迹导向控制技术、主水平井眼与裸眼洞穴连通工艺技术、抽排井造洞穴工艺技术。打破了国外公司对煤层气多分支水平井技术服务的垄断。我国多分支水平井技术已经取得了重大进展，但清水钻进过程中的煤层坍塌填埋钻具等风险尚未得到根本解决，严重地制约了多分支水平井技术的发展和煤层气资源的高效勘探开发。

2）U 形井技术

该技术集成了水平井技术、水平井与洞穴井的连通以及欠平衡钻井和地质导向等技术。U 形井可采用套管完井方案，在排采后期遇到煤粉堵塞通道可下钻修井，重新打开裂隙通道恢复开采，延长煤层气井的寿命。国外对我国煤层气钻采技术实行严格封锁和保密，因此包括 U 形井在内的高端技术核心成果，国内均无法获得，国外钻井完井技术难以对国内有借鉴作用。国内公司多为通过相关理念，结合自身多年经验做些探索性工作，取得了初步成功。

目前，我国煤层气 U 形井钻井及压裂技术研究处于起步阶段，钻井过程中没有形成成熟的煤层专用钻井完井液，煤层损害仍然比较严重。完井多为裸眼或筛管完井，煤粉堵塞问题较为严重，钻井损害难以解除。

3）复杂结构井技术配套

远距离连通技术是煤层多分支水平井、U 形井等复杂结构井开发的核心技术。该技术可以实时检测控制钻进轨迹，提供钻头的实时位置，为定向提供距离和方位参数，即时调整工具面，指导钻头向洞穴井钻进，实现主井眼与洞穴井较好连通。

（3）典型煤层气开采成本分析

以沁水盆地某煤层气产能2亿 m³ 开发区块为例，该区块煤层埋藏深度 1 000～2 000 m，部署二维地震 100 km、参数井 27 口、排采井 62 口、开发直井 174 口、开发水平井 5 口、利用参数井 23 口、利用排采井 56 口，评价期 20 年，建设期 5 年。参数井单井钻井投资 300 万元、排采井单井钻井投资 240 万元、开发直井单井钻井投资 180 万元、开发水平井单井钻井投资 1 600 万元、单井排水采气工程投资 60 万元, 直井单井地面及公用工程投资 150 万元, 水平井单井地面及公用工程投资 360 万元。

煤层气开发生产过程中实际消耗的直接材料、直接工资、水处理费、压裂费、排采作业费、其他直接支出和其他开采费用, 都计入开采成本; 发生的期间费用(管理费用、财务费用、销售费用) 作为当期损益。操作成本根据成本与开发变量(生产井数、煤层气产量、产水量) 的关系, 又可分为固定成本和可变成本。折旧折耗费、摊销费用则根据记取要求分别取值, 计入总成本费用中。

（4）煤层气成本预测

煤层气的成本取决于国内勘探开发生产情况, 目前的出厂价格为 $1.5 \sim 2$ 元/m^3, 其成本对于进口气来说仍具有竞争力, 目前我国煤层气开发处于初期, 技术上还有很大上升空间。煤层气同页岩气一样, 尚处于学习曲线的起始阶段, 需要高度重视研究学习规律, 寻求学习曲线加速效应, 降低成本。

1）煤层气学习曲线

一般来说, 煤层气直井成本为 250 万～300 万元, 水平井成本为 1 200 万～1 700 万元, 更复杂的多分支水平井成本为 4 000 万～5 000 万元。

2）煤层气成本变化曲线及成本预测

通过学习曲线, 最终得到成本变化曲线（图 2-3）。

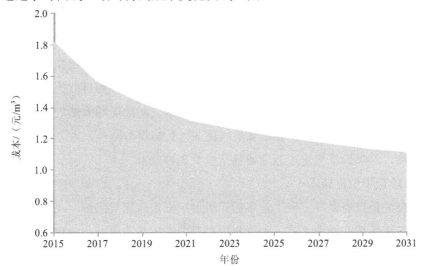

图 2-3　煤层气成本变化曲线

2.1.4.4 煤制气成本分析

（1）煤制气工艺流程

煤制天然气一般是利用褐煤等劣质煤炭，通过煤气化、一氧化碳变换、酸性气体脱除、高甲烷化工艺来生产代用天然气。

主要工艺流程：原煤经过备煤单元处理后，经煤锁送入气化炉。蒸汽和来自空气分离器的氧气作为气化剂从气化炉下部喷入。在气化炉内煤和气化剂逆流接触，煤经过干燥、干馏和气化、氧化后，生成粗合成气。这一过程主要发生的化学反应为：煤（C）+水蒸气（H_2O）$\longrightarrow$ 一氧化碳（CO）+氢气（H_2）。粗合成气的主要组成为氢气、一氧化碳、二氧化碳、甲烷、硫化氢、油和高级烃，粗合成气经急冷和洗涤后送入变换单元。粗合成气经过部分变换和工艺废热回收后入酸性气体脱除单元。粗合成气经酸性气体脱除单元脱除硫化氢和二氧化碳及其他杂质后送入甲烷化单元。在甲烷化单元内，原料气经预热后送入硫保护反应器，脱硫后依次进入后续甲烷化反应器进行甲烷化反应，得到天然气产品。这一过程主要发生的化学反应为：一氧化碳（CO）+氢气（$3H_2$）$\longrightarrow$ 甲烷（CH_4）+水（H_2O）。主要关键点为气化、变换、酸性气脱除、甲烷化、生成合格天然气。

（2）煤制气主要技术

煤制天然气技术可分为直接煤制天然气技术和间接煤制天然气技术。直接煤制天然气技术也被称为"一步法"煤制天然气技术。间接煤制天然气技术也被称为"两步法"煤制天然气技术，第一步指煤气化过程，第二步指煤气化产品合成气（经变换和净化调整氢碳比后的煤气）甲烷化的过程。到目前为止，在役或在建的煤制天然气工厂均采用间接煤制天然气技术。间接煤制天然气技术又以碎煤加压气化（以褐煤为原料）和水煤浆气化（以长焰煤为原料）为主。

目前，碎煤加压气化工艺主要包括以下3种技术。

1）鲁奇甲烷化技术

鲁奇炉是目前世界上应用最多的碎煤加压固定床煤气化炉，在煤制天然气领域具有非常优越的处理工艺。随着我国对鲁奇炉工艺的研究，结合碎煤熔渣气化技术（BGL）有效解决了鲁奇炉单炉生产能力小不适合大规模煤制天然气项目的问题。同时鲁奇炉可以适应多种劣质煤，降低了煤制天然气的运行成本。鲁奇炉

CO 转化率高，而且在污水处理和排放、废水利用等方面也有重大进展，甲烷的产率可以高达 95%，可最大化实现产品工艺价值、提高经济效益。

2）托普索甲烷化技术

托普索甲烷化技术最早可以追溯到 20 世纪 70 年代，具有很好的商业可操作性。托普索甲烷化技术投入较大，但可以有效解决空间有限问题，其化学反应在绝热条件下进行。托普索甲烷化技术通过高压过热蒸汽利用与回收甲烷化热量，并通过延长产业链实现产品附加值的提升。

3）Davy 甲烷化技术

Davy 甲烷化技术应用时间相比鲁奇甲烷化技术、托普索甲烷化技术较短，是英国燃气公司于 20 世纪 90 年代开发的。通过进一步开放与完善，Davy 甲烷化技术在托普索甲烷化技术用热蒸汽解决甲烷化热量的基础上，通过催化剂的研发，提高了 H/C，Davy 甲烷化催化剂已经成熟地应用于北美煤制天然气中，实践证明 Davy 甲烷化技术催化剂在 230～700℃范围内都具有很高且稳定的活性，具有广泛的适用性。

水煤浆气化工艺的典型代表是 GE 水煤浆气化技术。

GE 水煤浆气化技术首先需要制浆，制浆后水煤浆经高压煤浆泵加压后，在气化炉烧嘴与高压纯氧气（98%以上）混合，呈雾状喷入气化炉燃烧室。在燃烧室中，于加压条件下进行复杂的不完全氧化（气化）反应。整个气化过程时间很短，气化反应生成合成气和熔渣。合成气和熔渣经激冷环及下降管进入气化炉激冷室冷却，冷却后的合成气经喷嘴洗涤器进入旋风分离器和水洗塔，合成气进一步冷却、除尘并增湿，提高合成气中水蒸气的比例，水蒸气的比例提高可以通过整个系统中回收低压蒸汽、调节蒸汽压力来实现，然后合成气进入后工序。

与传统的碎煤加压气化技术相比，采用水煤浆加压气化工艺对原料的要求更高，两者的成本构成上原料成本占比相差较大。使用水煤浆加压气化工艺需要以低灰、高热值的动力煤为原料，原料成本要高于以褐煤为原料的碎煤加压气化工艺项目。此外，水煤浆原料还需要额外的造浆成本。而水煤浆工艺的最大好处就是可大幅降低环保投入。根据目前已投运的煤制气项目的运营来看，以碎煤加压气化工艺处理 1 t 煤将产生 1 t 多含有苯酚、焦油等成分的废水，而处理这样 1 t 废水的花费高达 137 元。而水煤浆气化一开始就把固体煤制成了煤浆，减少了粉尘对环境的污染；在气化过程中，反应是在密闭加压环境下进行的，气化炉本身无有害气体排放，也不会产生焦油、萘、酚等各种难处理的有机物，处理系统相对简单，所需投入也较低。此外，在此过程中产生的大部分废水还可以返回水煤浆配浆阶段重复利用，水耗由此也将大幅降低。这对于大部分地处水资源紧张地区的煤制气项目来说吸引力也是巨大的。

（3）典型煤制气成本分析

以内蒙古地区建设年产 40 亿 m³ 的煤制气项目为例，采用固定床加压气化和水煤浆气流床气化相结合的煤气化工艺，其典型投资构成见表2-14。

表2-14 40亿 m³/a 煤制气项目典型投资构成

项目	金额/亿元
项目规模总投资	285.0
建设投资	261.9
固定资产投资	229.7
无形资产投资	3.9
其他资产投资	1.5
预备费	26.8
建设期利息	22.2
铺底流动资金	0.9

根据上述成本构成可知，一般来说，煤制气项目外购原材料、燃料及动力成本等可变成本占 43.67%，固定成本占 56.33%。固定成本中，由于一次性投资较高，折旧费、修理费、利息等支出占比较高，分别占总成本费用的 29.79%、13.49% 和 6.41%。

（4）煤制气成本预测

煤制天然气成本主要受煤炭价格影响，原料煤成本占比 40% 以上，每 1 000 m³ 天然气耗煤 3 t 左右、耗水 7 t 左右。通过分析发现原水消耗在可变成本中所占比例较低，其价格变动对可变成本在总成本中所占比重的影响较小，对项目收益率的影响也相对较小。原水价格在 2～10 元/t 变化时，项目收益率的波动范围在 0.5% 左右。我国煤价与煤制气价格比较见表2-15。

表 2-15　我国煤价与煤制气价格比较

煤炭价格/（元/t）	120	200	250	300	350	400	450	500
煤制气单位生产成本/（元/m³）	1.09	1.28	1.39	1.5	1.62	1.73	1.85	1.96
煤制气售价/（元/m³）	1.6	1.81	1.94	2.1	2.2	2.34	2.46	2.59

1）近年来煤炭价格分析

近年来煤炭价格持续走低，以内蒙古褐煤坑口价格为例，自 2014 年年初的 180 元/t 下降到 2015 年年底的 120 元/t，其走势见图 2-4。

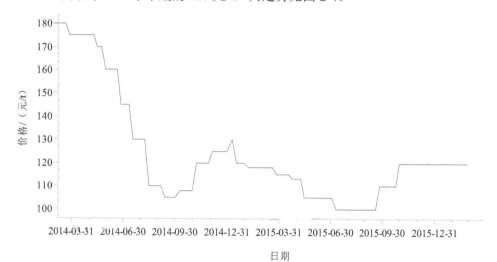

图 2-4　内蒙古褐煤坑口价格走势

注：坑口价：褐煤（A<25%，V<46%，S<0.5%，Q3 500）。

资料来源：Wind 资讯。

2）煤炭价格影响因素分析及未来走势

煤炭价格主要受需求因素、供给因素、替代因素、政策因素和相关行业的发展等影响。需求因素是影响煤炭价格波动的主要因素。经济增长以及电力、建材和化工等下游产业的发展决定了煤炭的需求程度。在供给不变或小幅变动的前提下，耗煤产业保持高速的发展将推动煤炭价格呈现上涨态势。在国家经济高速发展时期，我国能源消费快速增长，煤炭在能源消费中的比重逐年提高，2007 年，煤炭在能源消费中的比重达到 72.5%。自 2008 年开始,我国 GDP 增速逐步下降,经济增长放缓也导致能源需求逐渐回落,体现了经济增长与能源消费间的高度相关性。

价格由供给和需求基本面来决定。我国煤炭供给经历了由缓慢增长到快速增长再到持续下降的变化过程,2002 年以后,煤炭产量逐步增加,但仍处于供不应求态势,致使价格一路上扬,受良好发展态势驱动,煤炭企业和地方政府加大基础设施建设投入力度,煤炭产能不断扩大。2008 年以后,经济下行导致能源需求增速下降,煤炭产能滞后性释放,供大于求态势显现,煤炭价格随之下降。同时,煤炭库存量开始上升,过剩供给对煤炭价格形成打压。相比天然气和新能源,石油与煤炭一直是我国的主体能源,两种基本能源价格存在相互替代作用,因此石油价格的上涨在一定程度上也会影响动力煤价格。2003 年年底,石油价格的大幅度上涨,对我国国内煤炭价格的上升起到推波助澜的效果。由于石油与煤炭互为能源替代性,根据替代产品价格跟跌的原理,石油价格的大跌,必然导致煤炭需求的大幅度减少,进而带动煤价下降。由于煤价与油价的变化相比具有一定的时滞效应,通常滞后 3~6个月,根据经济学原理,国内煤炭价格将追随国际原油价格,国际油价回落,必将牵制国内煤炭价格走弱。此外还有其他能源对煤炭的替代威胁。除以上因素外,政策因素、相关行业发展等也会对煤炭价格形成一定影响。

因此,从长期来看,煤炭行业在整个能源结构占比中的趋势是不断下降的,呈 L 形走势,而非 V 形或 U 形发展。近期煤炭方面需求增长乏力的主要因素是下游产业需求的总体萎缩,而非替代能源的爆发。考虑污染较为严重的煤炭将面临被水能、风能、核能、太阳能等新型能源部分替代的威胁,煤炭价格或尚未探底。长期来看,煤炭的发展出路将从直接燃烧的一次能源向深加工的煤化工、新型煤化工转变。在此背景下,动力煤价格很难出现较大幅度的上涨。

3) 煤制气成本预测

假设用于制气的煤价格稳定在 200 元/t,得到如图 2-5 所示的成本变化曲线。

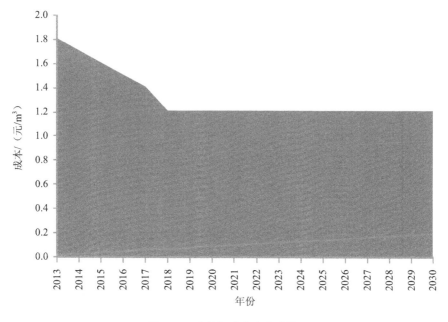

图 2-5　煤制气成本变化曲线

2.1.4.5　进口 LNG 价格分析

（1）进口 LNG 价格

2015 年，我国 LNG 进口均价为 2 796 元/t（约合 2.05 元/m³），较 2014 年下降 1 020 元/t。其中，长协 LNG 进口均价为 2 753 元/t（约合 2.02 元/m³），现货 LNG 进口均价为 3 089 元/t（约合 2.27 元/m³）；长协 LNG 与现货 LNG 进口成本差距缩小。2016 年 5 月—2017 年 4 月，我国 LNG 月度进口量及价格见图 2-6。

2015 年，我国 LNG 进口来源国共 15 个，但 93%的 LNG 进口量来自与我国有长期合约的 5 个 LNG 进口国。其中，来自澳大利亚的 LNG 进口量为 555.22 万 t，澳大利亚超越卡塔尔成为我国 LNG 第一大进口国，占比较 2014 年提升 7 个百分点，达到 28%。来自卡塔尔的 LNG 进口量为 481.42 万 t，占比下降 9 个百分点至 25%。马来西业为我国第三大 LNG 进口国，进口量为 325.20 万 t，占比为 17%；印度尼西亚和巴布亚新几内亚分别为第四位和第五位，占比分别为 15%和 8%（图 2-7）。

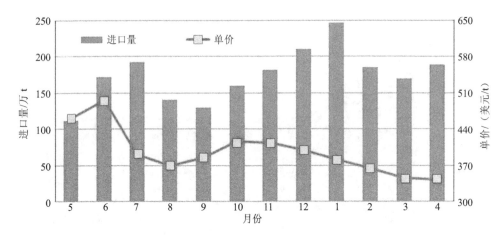

图 2-6 2016-05—2017-04 我国 LNG 月度进口量及价格

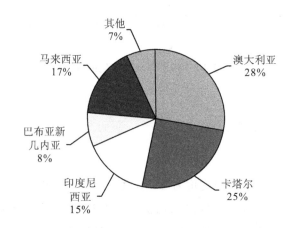

图 2-7 2015 年我国 LNG 进口来源国进口量比例

LNG 进口价格跟签订合同时的石油价格关系极大，合同期限一般为 25～30 年。如我国 LNG 最早的合同签订方依次为澳大利亚、印度尼西亚、马来西亚、卡塔尔，其价格逐步升高。以澳大利亚为例，我国进口澳大利亚长协 LNG 成本为 1 752 元/t，较 2014 年上涨，除广东大鹏进口的澳大利亚西北大陆架项目气源外，中海油增加澳大利亚柯蒂斯煤层气 LNG 资源，成本高于早期供应的西北大陆架 LNG 项目，因此总体成本上升。中石油如东及大连接收站进口澳大利亚现货资源，进口均价为 3 254 元/t。

一般来说，LNG 现货价格对国际油价反应最为敏感，变化趋势与国际油价同步，属于绝对关联，国际油价每上浮或下跌 10%，LNG 现货价格随之变化约 8.2%，同时其受季节供需影响明显，冬季是 LNG 现货价格高点。LNG 长协合同价格与国际油价存在部分关联，一方面，其受国际油价影响的幅度要远低于现货，国际油价每上浮或下跌 10%，LNG 长协价格随之变化约 3.1%；另一方面，长协合同价格与国际油价的联动要滞后 3～5 个月。布伦特原油价格走势见图 2-8。

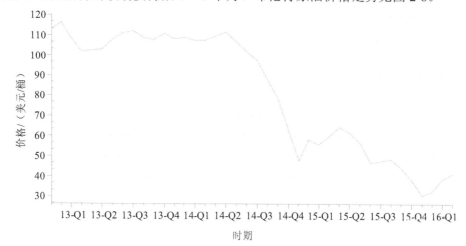

图 2-8　布伦特原油价格走势

注：原油现货价：布伦特 DTD，月均。13-Q1 表示 2013 年一季度，以此类推。

资料来源：Wind 资讯。

（2）进口 LNG 价格预测

1）国际 LNG 定价机制

目前，世界上天然气进口价格主要分成三大类。一是以美国为代表的天然气成本加价定价方法，以亨利港气价（HH）为基准；二是以欧洲为代表的与石油产品等替代能源价格指数挂钩的定价方法；三是以日本为代表的与进口原油清关价格（JCC）挂钩的定价方法。除此之外，还存在以成本为基础的定价公式等。美国以竞争方式确定进口天然气价格，主要原因是美国国内的天然气供应能力较大，并且已形成市场化竞争定价的机制。欧洲进口价格与油品价格挂钩，主要原因是欧洲（主要是西欧）自身的能源资源禀赋差、供应能力弱，能源资源的自给率很低，进口天然气的主要目的是替代正在使用的粗柴油（主要用于发电和工业用）等油品，因此形成了天然气价格与油品之间的竞争关系。英国发现北海气田使得供气多元化，因此欧洲部分地区又形成了与美国相似的参考英国国家天然气交易中心（NBP）等交易中心价格的定价方法。当然欧洲的天然气市场自由化也是形成英国等欧洲国家进口天然气参考 NBP 等交易中心价格的重要原因之一。日本进口天然气主要为解决环境污染问题，主要替代用于发电的高硫原油，因此日本的天然气进口价格主要参考该国进口原油的综合价格。

2）进口 LNG 长协合同价格公式

我国进口 LNG 长协合同价格采用与日本原油清关价格 JCC 挂钩联动的方式，即 "S" 曲线价格模型。价格公式为

$$P = A \cdot JCC + B + S \qquad (2\text{-}2)$$

式中，P 为 LNG 进口价格，美元/MMBtu（1 MMBtu≈1 053 MJ，下同）；JCC 为日本进口原油清关价格，美元/bbl（1 bbl=0.159 m^3）；A 为与原油挂钩系数；B 为常量，美元/MMBtu；S 为油价过高或过低时的调整参数，美元/MMBtu；A、B、S 取值由供需双方谈判决定。

"S" 曲线价格模型主要能起到稳定 LNG 价格的作用，当油价大幅走高或下跌时能降低 LNG 随之发生的价格骤变的幅度。LNG 进口长协合同价格与 JCC 近 3～5 个月均价挂钩联动，以移动平均方式缓步涨跌，所以当国际油价上涨（或下跌）时，LNG 长协合同采购价格将滞后 3～5 个月调整。

3）进口 LNG 现货价格

根据国际液化天然气进口国联盟组织（GIIGNL）的统计，全球 LNG 短期和现货贸易量约占 LNG 贸易总量的 25%。LNG 现货贸易双方通常先签订一个主合同，将现货贸易的各项通用商务条款锁定，待实际交易发生时再签订一个单船货物确认函，以进一步确认所交易 LNG 的价格、数量、供货时间、质量、装载港、卸载港、LNG 船等个性化条款，主合同和单船确认函一起生效。LNG 现货价格变化快、幅度大，主要受国际油价以及市场供需变化等因素影响。

4）原油价格预测分析

美国能源信息署（EIA）发布了《国际能源展望（2016 版本）》，对 2040 年世界石油、油价的走向进行了预测（图 2-9）。

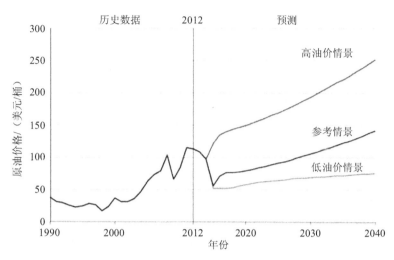

图 2-9 EIA 布伦特原油价格的 3 种预测

从 EIA 的预测方式来看，石油行业能否繁荣，很大程度上取决于世界经济的发展，而并不是当前原油是否大量过剩、主要产油国是否减产。真正能够推动油价上涨的，乃是需求一侧。决定未来油价主要有 4 个因素：OPEC（石油输出国组织）国家的投资和产量决策、非 OECD（经济合作与发展组织）国家的石油供应量、非石油液体燃料供应量、世界石油及液体燃料需求。这 4 个因素的不同组合模式决定了未来油价的走向。EIA 对未来能源需求的分析建立在一个基本认识上：非 OECD 国家的经济、人民的生活水平将有大幅度的提高，非 OECD 国家和 OECD 国家的经济差距将缩小。考虑到不定因素的影响，EIA 对未来布伦特原油价格给出了 3 种预测，不过主要是基于非 OECD 国家的经济情况进行预测的。

若非 OECD 国家的 GDP 年平均增长率为 3.9%，到 2040 年，油价将涨到每桶 76 美元，OPEC 国家的石油市场占有率将达到 48%。

若非 OECD 国家的 GDP 年平均增长率为 4.2%，到 2040 年，油价将涨到每桶 141 美元，OPEC 国家的石油市场占有率将保持在 39%～43%。

若非 OECD 国家的 GDP 年平均增长率为 4.5%，到 2040 年，油价最高可达到每桶 252 美元，OPEC 国家的石油市场占有率将为 34%。

目前，EIA 预测非 OECD 国家未来 25 年的 GDP 年平均增长率为 4.2%。

5）进口 LNG 到岸价格预测

未来随着前几年签署的 LNG 长协合同的不断执行、进口现货增加、所签署资源地越来越多、到岸价格差异变大，LNG 到岸平均价格将会出现较大差别。

a. 进口 LNG 长协合同价格预测。

同一个 LNG 接收站的资源来源于一个或多个国家，不同国家所签署资源的合同价格不一致。

——进口卡塔尔 LNG 价格预测

根据我国进口卡塔尔 LNG 历史数据及国际油价走势，对进口卡塔尔 LNG 价格进行预测（表 2-16），其中进口 LNG 价格一般参照前 3 个月国际油价平均走势。通过模型对历史数据进行拟合，最终得出进口卡塔尔 LNG（简称卡塔尔）的价格公式：卡塔尔=0.024 2 Brent+1.437。当国际油价 Brent（布伦特油价）为 70 美元/桶时，进口卡塔尔 LNG 到岸价格为 3.13 元/m³。

表 2-16　进口卡塔尔 LNG 价格预测　　　　　　　　单位：元/m³

Brent	50 美元/桶	60 美元/桶	70 美元/桶	80 美元/桶	90 美元/桶	100 美元/桶
进口 LNG 到岸价格	2.65	2.89	3.13	3.37	3.61	3.85
完税价格	2.79	3.03	3.27	3.51	3.75	3.99
气化管输费	0.4	0.4	0.4	0.4	0.4	0.4
供应成本	3.19	3.43	3.67	3.91	4.15	4.39

——进口马来西亚 LNG 价格预测（表 2-17）

表 2-17　进口马来西亚 LNG 到岸价格预测　　　　　　单位：元/m³

Brent	50 美元/桶	60 美元/桶	70 美元/桶	80 美元/桶	90 美元/桶	100 美元/桶
进口 LNG 到岸价格	1.35	1.45	1.56	1.66	1.77	1.87
完税价格	1.49	1.59	1.70	1.80	1.91	2.01
气化管输费	0.4	0.4	0.4	0.4	0.4	0.4
供应成本	1.89	1.99	2.10	2.20	2.31	2.41

模型计算思路与进口卡塔尔 LNG 一致，最终得出进口马来西亚 LNG 到岸价格（简称马来西亚）公式为：马来西亚=0.010 Brent + 0.822。当国际油价 Brent 为 70 美元/桶时，进口马来西亚 LNG 到岸价格为 1.56 元/m³。

b. 进口北美 LNG 到岸价格预测

根据 HH 的价格趋势预测北美资源到我国的价格（表 2-18），HH 价格主要是受供需形势与可替代能源的影响，根据对 HH 的影响因素进行分析最终得出未来 HH 的价格趋势，2020 年 HH 价格为 3.07～3.28 美元/MMBtu。

表 2-18　不同 WTI 油价下 HH 价格预测

WTI	50 美元/桶	60 美元/桶	70 美元/桶	80 美元/桶	90 美元/桶	100 美元/桶
HH/（美元/MMBtu）	3.21	3.38	3.52	3.63	3.74	3.82

注：WTI 即 West Texas Intermediate，美国西德克萨斯轻质原油。

根据从美国西海岸进口 LNG 液化费为 3.8 美元/MMBtu 左右、海运费为 1.1 美元/MMBtu 左右，可知从北美进口 LNG 到岸价格（表 2-19）。2020 年，进口北美 LNG 到岸价格为 7.97～8.18 美元/MMBtu。

表 2-19　进口北美 LNG 到岸价格

WTI	50 美元/桶	60 美元/桶	70 美元/桶	80 美元/桶	90 美元/桶	100 美元/桶
HH/（美元/MMBtu）	3.21	3.38	3.52	3.63	3.74	3.82
液化海运费/（美元/MMBtu）	4.9	4.9	4.9	4.9	4.9	4.9
到岸价格/（美元/MMBtu）	8.11	8.28	8.42	8.53	8.64	8.72
到岸价格/（元/m³）	1.87	1.90	1.94	1.96	1.99	2.01
完税价格/（元/m³）	2.01	2.04	2.08	2.10	2.13	2.15
气化管输费/（元/m³）	0.4	0.4	0.4	0.4	0.4	0.4
供应成本/（元/m³）	2.41	2.44	2.48	2.50	2.53	2.55

2.1.4.6　进口管道气价格分析

（1）进口管道气价格

2015 年，我国全年进口管道气均价为 2 252 元/t（约合 1.65 元/m³），其中来自缅甸的进口管道气均价最高，为 3 464 元/t（约合 2.55 元/m³）；来自哈萨克斯坦的进口管道气均价最低，为 1 174 元/t（约合 0.86 元/m³）；来自土库曼斯坦和乌兹别克斯坦的进口管道气均价分别为 2 332 元/t（约合 1.71 元/m³）和 1 998 元/t（约合 1.47 元/m³）。2015 年 1—12 月我国管道气月度进口量及价格见图 2-10，进口管道气来源国进口量比例见图 2-11。

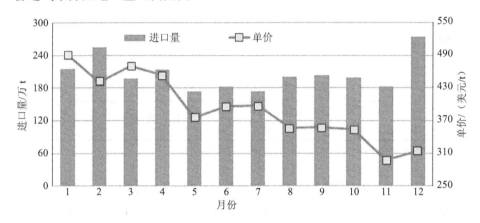

图 2-10 2015 年 1—12 月我国管道气月度进口量及价格

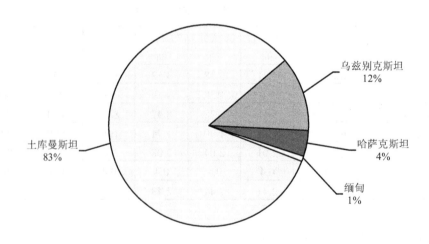

图 2-11 2015 年进口管道气来源国进口量比例

（2）进口管道气价格预测

1）进口管道气定价公式

我国进口天然气的长期合同价格都与石油或油品等替代能源挂钩联动。中亚天然气管道进口天然气价格（土库曼斯坦离岸价）与新加坡的燃料油等油品价格挂钩联动。中缅管道天然气价格与国际原油价格挂钩联动，中俄天然气管道参照俄罗斯出口西欧的价格公式与油品价格挂钩联动。

我国目前的进口管道气价格公式如下：

$$P = P_0 \times (a \times H/H_0 + b \times L/L_0 + c \times G/G_0) \tag{2-3}$$

式中，a、b、c 均为常数，$a+b+c=1$；H、L、G、H_0、L_0、G_0 为各种原油或油品计算期和基准期的价格；P_0 为基础价格，单位为美元/bbl 或美元/t。

2）中亚管道气价格预测

通过中亚进口管道气以及国际油价 Brent 的历史数据，考虑关联油价滞后的影响，采用相关模型进行计算，最终得出中亚进口管道气与 Brent 价格公式为

$$P_{中亚气} = 0.008\,144\,\text{Brent} + 1.336\,9 \tag{2-4}$$

不同油价下中亚进口管道气价格见表 2-20。

表 2-20　不同油价下中亚进口管道气价格　　　　　　　　单位：元/m³

Brent	50 美元/桶	60 美元/桶	70 美元/桶	80 美元/桶	90 美元/桶	100 美元/桶
到岸价格	1.74	1.83	1.91	1.99	2.07	2.15
完税价格	1.87	1.96	2.04	2.12	2.2	2.28

3）中缅、中俄进口管道气价格预测

中缅进口管道气价格一般比中亚进口气高 0.8 元/m³，中俄进口管道气价格与中亚进口气价格相当。2019 年，中俄进口管道气价格约为 1.41 元/m³，中亚进口管道气价格约为 1.6 元/m³。

2.1.4.7　各气源成本预测结果

依据各气源的供应成本预测和管输费用判断，初步给出各气源供应的平均成

本，如图 2-12 所示。从各气源的成本比较来看，国产气的成本总体低于进口气成本，且未来会长期低于进口气。另外，国产的常规气、页岩气和煤层气三者中，常规气的生产成本是最低的，有望长期保持在 0.95 元/m³ 的平均水平，但是考虑到从气源地到负荷中心上千里的管输费用（一般按 0.2 元/10³ km 计算），若是在西南地区等既是页岩气主产区又是集中消纳地区进行成本比较,成本相差并不大。随着页岩气生产规模的扩大，开始并逐步扩大向华中和华东地区供气规模，未来页岩气和常规气的竞争性会增强，因此仍需要加大力气降低生产成本。

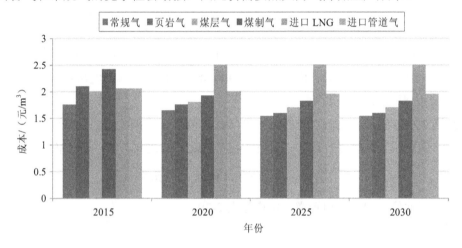

图 2-12   我国主要气源 2015—2030 年供应成本估算

2.2   我国页岩气供应潜力分析

2.2.1   我国未来天然气需求情景设置

天然气供给结构调整受到最终需求的影响，特别是在全球供需宽松的大背景下，需求量是影响供给结构的首要因素。

根据我国当前的天然气需求形势，本书考虑了三种需求情景，即低需求情景、中需求情景和高需求情景，对不同需求情景下的天然气供应结构开展分析。具体而言，三种情景分别表述如下：

　　在天然气低需求情景下，天然气利用政策保持在当前水平，主要依靠市场力量推进天然气高效利用，包括提高居民生活气化率，推动天然气替代煤炭、汽柴油等方面；同时燃机国产化完全依靠市场力量逐步推进，"十三五"期间燃机投资、维修成本有所下降。由于主要依靠市场力量，天然气管网、储气库建设相对滞后于市场需求；加气站、LNG加液站等终端利用装置建设也相对较慢。

　　在天然气中需求情景下，国家积极推进天然气高效利用；天然气利用政策不断完善，在保障居民生活用气的基础上，大力推动天然气替代高污染燃料，继续鼓励天然气汽车发展；国家及地方政府已出台的有关散煤替代的环保政策基本落实到位；天然气价格改革稳步推进，"十三五"期间市场化定价机制逐步形成；车用气价格较燃油汽车具有经济性优势［压缩天然气（CNG）与汽油、LNG与柴油比价为65%～80%］；天然气与煤炭比价保持稳定；燃机国产化水平较快推进，"十三五"期间燃机投资、维修成本有所下降；天然气产、供、储、销体系建设加速推进，供应和需求之间的"中梗阻"现象逐步消除。2020年之后，天然气在民用、发电、工业、交通等领域的需求均保持良性增长态势。

　　在天然气高需求情景下，国家积极推进天然气高效利用，天然气利用政策不断完善，在保障居民生活用气的基础上，大力推动天然气替代高污染燃料，继续鼓励天然气汽车发展；国家及地方政府已出台的有关散煤替代的环保政策严格落实到位；天然气价格改革稳步推进，"十三五"期间逐步形成市场化定价机制；车用天然气价格较燃油汽车具有非常显著的经济性优势（CNG与汽油比价、LNG与柴油比价低于65%）；煤炭价格企稳回升，天然气与煤炭比价关系有所下降；燃机国产化水平取得较大突破，燃机投资、维修成本大幅下降；天然气管网建设能够满足市场需求；加气站建设规模适度超前于天然气汽车发展速度；对化石燃料加征碳税。2020年之后，天然气在民用、发电、工业、交通等领域的需求继续呈现加速发展态势。

　　参考国内已有机构的研究成果，我们初步给出三种情景下的天然气需求预测（表2-21）。在低需求情景下，2020年全国天然气需求达到2 900亿 m^3，2030年需求将达到4 500亿 m^3，"十三五"期间年均增速8.8%；在中需求情景下，2020年全国天然气需求将达到3 300亿 m^3，2030年需求达到5 200亿 m^3，"十三五"期间年均增速11.7%；在高需求情景下，2020年全国天然气需求将达到3 600亿 m^3，2030年需求达到6 000亿 m^3，"十三五"期间年均增速13.6%。

表 2-21 主要机构中长期天然气需求预测

预测机构	情景	天然气需求/亿 m³	
		2020 年	2030 年
国内研究单位	—	4 000	5 740
私营咨询机构	—	2 700	5 000
国有大型企业	低情景	2 900	4 500
	中情景	3 200	5 200
	高情景	3 600	6 000
IEA	低情景	3 070	4 700
	中情景	2 830	4 251
	高情景	2 897	4 462
EIA	低情景	2 219	4 227
	中情景	2 171	3 651
	高情景	2 204	3 600
本书情景假设	低情景	2 900	4 500
	中情景	3 300	5 200
	高情景	3 600	6 000

资料来源：根据相关资料分析、整理。

2.2.2 我国各气源供给能力预测

2017 年，受天然气需求反弹的带动，我国天然气产量预计达到 1 472.6 亿 m³，较 2016 年增长 8.4%（表 2-22），扭转了 2015 年、2016 年两年的低迷势头。分品种来看，常规气增长明显，2017 年产量达到 1 300.0 亿 m³，较 2016 年增长 70.0 亿 m³，增速 5.7%。页岩气延续了良好的发展势头，勘探开发再获突破性进展。页岩气涪陵气田新增探明地质储量 2 202.16 亿 m³，全国累计探明页岩气地质储量 7 643 亿 m³，全年页岩气产量 98.0 亿 m³，同比增加 20.0 亿 m³，增长 25.6%。

表 2-22 国内天然气生产情况

	2017 年产量/亿 m³	比 2016 年同期增长/亿 m³	同比增速/%
常规气	1 300.0	70.0	5.7
页岩气	98.0	20.0	25.6
煤层气	52.1	7.0	15.5
煤制气	22.5	17.0	309.1
合计	1 472.6	114.0	8.4

资料来源：依据中国能源研究会天然气中心月报整理得到。

　　在经历了 2015 年天然气进口低速增长、2016 年重回两位数增速之后，2017 年以来，在天然气市场需求爆发式增长的刺激下，加之部分进口长协合同相继进入执行期、国际 LNG 现货价格仍位于较低水平等因素综合影响，企业积极采购现货，使得传统消费淡季的 LNG 进口量却出现了持续大规模增加。进口 LNG 凭借价格优势通过"液来液走"和槽车运输的方式迅速扩大了国内 LNG 市场份额。2017 年，LNG 进口量达 493 亿 m³，同比增长 51.2%。此外，进口 PNG 平稳较快增长。全年进口 PNG458.6 亿 m³，同比增长 8.7%。

2.2.2.1　国内天然气产能预测

（1）常规气产能预测

　　常规气源既是我国主要天然气来源，也是依据供需形势进行生产调控的主要气源。2017 年，我国常规天然气产量 1 300 亿 m³，逆转了 2015 年、2016 年两年连续下滑的态势，同比增长 5.7%（图 2-13）。

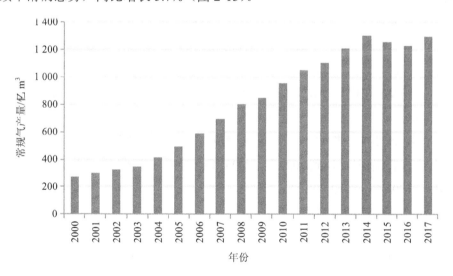

图 2-13　我国常规天然气生产量

　　由于常规气的开采和新增资源在 2030 年之前较为明朗，因此通过产量构成法、经验法结合油气田增长情况及油田的生命期限，做出预测。其产量的构成主要是考虑塔里木盆地、鄂尔多斯盆地、四川盆地区块的天然气资源，根据新增的可采储量和项目的投产情况，以及历史年均增速水平，测算 2030 年之前的产气量。2030 年之后，由于部分油气田进入枯竭期，资源仅考虑部分新增探明储量的区块，在目前的资源基础上根据探明储量的情况，结合新增探明储量的增速水平，参照采储比产量预测方法进行未来 20 年资源的预测。

储采比预测法是把各油区乃至全国天然气产量与储量增长目标有机地联系起来，即规划期内新增可采储量等于规划期内累计产量与规划期内剩余可采储量增减量。产量增长规模取决于储量增长规模，二者可相互验证，避免两者脱钩而产生错误的结论。

以 2013 年年底的探明地质储量为基础，考虑 70%~85% 的储量动用率和50%~60% 的采收率，计算可动用可采储量，从而以可采储量迭代测算各年的产气能力。同时使用储采比作为验证指标。

储采比高低与资源禀赋、经济技术水平和市场化程度紧密相关。如欧美等国家工业化程度高、经济技术实力雄厚、管网完善、消费水平高、需求量大，因此产量高，储采比相对较低。而天然气资源非常丰富的国家比如俄罗斯产量虽然很高，储采比仍保持在较高水平。中东等一些资源大国受政治经济等因素影响产量一直较低，导致储采比过高。综合我国天然气可采储量的资源条件、勘探开发水平、经济技术实力、市场发展规模等，我国天然气储采比不能定得太低，快速上产阶段储采比应在 25~30，稳产阶段合理储采比可参照目前发达国家的水平确定在 20 左右，但最小不低于 15，既要满足当期需要，又要为发现新储量争取足够的时间。

综合来看，预计全国到 2020 年、2025 年和 2030 年常规气产能将分别达到 1 750 亿 m^3、2 150 亿 m^3 和 2 700 亿 m^3。

（2）页岩气产能预测

美国是目前页岩气规模开发取得成功的国家。近 10 年水平井钻完井及分段压裂技术的突破，有效提高了页岩气单井产量。最早开发的 Barnett 页岩气年产量达到 100 亿 m^3 用了 22 年，但近几年在新技术推动下，Arkoma 盆地 Fayettrville 页岩气达到相同规模仅用了 4 年时间。美国页岩气快速发展的主要因素是有利的成藏条件、关键技术的突破和发达的天然气管网。

与美国相比，我国除地质成藏规律相似外，在气藏埋深、开发经验、开发技术、输送管网等方面与美国有一定的差距。但是目前我国政府和企业非常重视页岩气开发，出台了一系列鼓励开发优惠政策，并进行了探矿权招标。2013 年以中石化、中石油为代表的企业已开展了页岩气试生产。

2017 年，全国页岩气产量 98 亿 m³，同比增长 19.6%。目前，页岩气开发突破主要在长宁、威远、昭通、涪陵等地，其中，中石化涪陵区块是国内最成功的页岩气开发示范基地。

截至 2017 年年底，中石化涪陵区页岩气田累计建成产能 150 亿 m³，2017 年产气 70 亿 m³。

与美国从 1976 年开始开发到 2005 年取得页岩气突破用了 30 年相比，我国页岩气初期发展比较顺利，从 2006 年、2007 年中石化、中石油开始立项，到 2012 年涪陵焦页 1 号井首次获得高产气流，仅用了 5~6 年的时间。2016 年我国页岩气年产量达到 78 亿 m³，已经是仅次于美国和加拿大的页岩气生产第三大国。页岩气产业顺利开局令人欢欣鼓舞，但未来面临的挑战也不容忽视，主要表现在以下三个方面。

1）页岩气资源潜力巨大，但探明率过低

据全国油气资源动态评价（2015）结果，我国页岩气资源分布广泛，主要包括三大海相页岩分布区和五大陆相页岩分布区，全国埋深 4 500 m 以浅页岩气地质资源量达到 121.8 万亿 m³，而常规天然气（含致密气）和埋深 2 000 m 以浅煤层气的地质资源量分别为 90.3 万亿 m³ 与 30.1 万亿 m³。但是截至 2017 年，我国累计探明地质储量仅有 7 643 亿 m³，资源探明率仅为 0.6%。不仅远低于美国页岩气探明率（2010 年 14.6%），也显著低于国内所有其他气源 [截至 2016 年年底，全国常规天然气[①]（含致密气）资源探明率 13.0%；煤层气资源探明率 2.3%]，未来我国页岩气勘探工作任重道远。

目前，已探明储量主要集中在涪陵、长宁—威远和昭通三大区块，现有区块矿权主要集中在中石油、中石化，并未呈现类似美国的社会资本广泛参与的格局，长此以往不利于页岩气产业蓬勃发展。当前页岩气勘探程度过低与市场有效需求不足、市场气价偏低导致的资源勘探开发风险过高密切相关。美国页岩气开发初期之所以能够吸引大量投资者，一方面得益于供不应求的市场环境，另一方面就

---

① 常规天然气特指气层气，不含溶解气。

是页岩气价格率先市场化，能够以比常规气价高出两倍的水平销售。但是我国目前页岩气开发面临的形势明显不同，即使天然气需求有所改善，国际油气供需宽松的局面和国内油气市场化改革方向也共同决定了国内气价难以显著上升，因此完全依靠市场机制激励投资主体进入页岩油气勘探领域是不现实的，必须依托现有示范项目加大技术研发力度，尽快降低成本，同时辅以产业政策改善投资预期，才有可能吸引社会资本的广泛进入。

2）页岩气生产态势喜人，但未来潜力堪忧

当前页岩气生产主要来自涪陵、长宁—威远、昭通三大区块。从 2012 年年产页岩气 2 500 万 m^3 到 2017 年的 90 亿 m^3，我国页岩气产量一年上一个台阶，年均增速达到 230%。但是与此同时，页岩气生产面临的困难逐渐增加、市场化改革进程面临的挑战不容忽视。一是现有区块开发面临的地质条件日趋复杂，资源条件也有所恶化，对开采技术和成本控制提出了双重挑战。以涪陵二期的平桥产建区为例，埋深普遍大于 3 500 m，而且地层高陡，断层和大尺度裂缝更加发育，使得探明储量品质下降、开采工程投入增加，预期收益比一期下降 30%。二是现有页岩气开发活动仍主要由中石油和中石化完成，多元主体共同参与的市场化格局尚未形成。相比传统油气，单位页岩气区块面积上的资源丰度低、名义投资回报率偏低，因此更适合运营机制灵活、成本低的中小型企业。虽然目前中石油和中石化都是通过注册开发公司的方式来运营现有项目，但目前国内具备页岩气项目开发能力的主体太少，形成多元主体格局还需假以时日。三是虽然现有页岩气开发均按照现代化"油公司"模式组织生产，地面建设、钻完井和试气等业务均面向全社会进行招标，有利于降低投资开发成本和提高效率，但是由于页岩气整体勘探开发进程有所放缓，主要油服业务和上游核心装备的采购又呈现向"三桶油"体系内公司逐步集中的趋势，打破油气传统行业格局的趋势有逆转迹象。

3）我国页岩气开采技术和装备不断完善，但仍存在明显缺陷

经过近 5 年的攻关，我国逐步建立了 3 500 m 以浅的页岩气勘探、开采技术体系。以涪陵示范区为例，逐步形成了页岩气藏综合评价、水平井组优快钻井、长水平井分段压裂试气、试采开发、绿色开发等具有海相页岩气特色的五大配套技术体系，实现了 3 500 m 以浅页岩气藏的高效开发。但是目前仍存在显著的技术不足。一是随着页岩气有利区资源埋深普遍超过 3 500 m、地质条件更加复杂，

前面建立的地质勘探理论和资源开发技术体系又显得有些力不从心，适应复杂条件的新型钻头、螺杆、钻探技术还有待改进，新型压裂液及试气技术还有待研发；整套的钻井、试气技术体系需要进一步优化以更大程度地节约成本等。二是部分核心技术仍没有完全掌握。经过 3 个示范区近年不懈的努力，包括桥塞、大型压裂车以及高压作业装备等一些核心技术装备突破了国外企业封锁实现国产化，大幅降低了开采成本，但仍有一些核心技术的突破还需假以时日。我国勘探、测井设备的可靠性、时效性及测量精度和国外先进水平差距较大，虽然钻测斜仪、快速录井仪、钻井参数仪等已研制成功，但应用较少。此外根据不同地层特点建立高性能钻井液体性的最优配置组合，根据不同类型页岩建立压裂液、支撑剂、压裂方式等的最优技术体系也都尚未完全建立。

综合而言，我国页岩气产业在取得靓丽成绩的同时，也应该清醒地认识到，涪陵、长宁—威远、昭通三大区域能够找到"甜点"并率先进入商业化开发，并不代表我国页岩气产业整体已经或即将进入成熟阶段。事实上，我国页岩气产业发展还处于起步阶段，未来发展必须要明确战略定位，并制定有效的支持政策。

通过目前的技术发展和区块的开采情况，参照美国页岩气开发进程，结合国土资源部相关的研究成果和我国页岩气开发的实际进展，预计 2025 年之前是我国页岩气产业的技术储备和示范开发期，资源的增加仍然以涪陵、长宁—威远、昭通三大区块为主，2025 年之后是我国页岩气产业的快速上涨期，上扬子及滇黔桂区、华北及东北区、中下扬子及东南区、西北区将呈现快速增长，因此 2025 年之后采用采储比方法预测页岩气的产量。

根据《重庆页岩气产业发展规划（2015—2020）》，到 2020 年，建成产能 300 亿 m³/a，产量 200 亿 m³/a。因此，预计到 2020 年，三大区块页岩气产量为 300 亿 m³。"十三五"时期后，页岩气将出现大规模快速发展，预计 2025 年页岩气产量达到 500 亿 m³，2030 年为 800 亿 m³（表 2-23）。

表 2-23 全国页岩气产量预测   单位：亿 m³

年份	2015	2020	2025	2030
页岩气产量	44	300	500	800

（3）煤层气产能预测

根据"十二五"时期煤层气规划，"十二五"末煤层气产量 300 亿 m³，其中地面抽采 160 亿 m³、煤矿井下抽采 140 亿 m³，地面煤层气产量利用率为 100%，煤矿井下抽采利用率 60% 以上。而 2015 年煤层气年产量仅 170 亿 m³，完成规划目标的 57%；地面产量 44 亿 m³，仅为规划目标的 28%；煤矿井下抽采量 126 亿 m³，完成规划目标的 90%。地面煤层气产量的利用率达 85% 以上，煤矿井下抽采利用率平均 32.6%。

2009—2015 年，我国地面煤层气产量以每年平均 5 亿 m³ 左右的速度增长，从 2009 年的 10.17 亿 m³ 增长到 2015 年的 44 亿 m³；而井下抽采煤层气以平均每年 10 亿 m³ 左右的速度增长。2009—2015 年我国煤层气井下和地面抽采量见表 2-24。

表 2-24　2009—2015 年我国煤层气井下和地面抽采量　　　　　单位：亿 m³

年份	2009	2010	2011	2012	2013	2014	2015
井下抽采量	61.72	69.63	85.40	100.30	108.87	116.00	126.00
地面抽采量	10.17	15.00	23.00	25.70	29.26	36.00	44.00
合计	71.89	84.63	108.40	126.00	138.13	152.00	171.00

随着煤层气的勘探开发技术日趋成熟和开采成本降低，煤层气开发会向规模化、产业化方向发展，结合多重因素分析，利用翁氏模型和龚帕兹法对未来我国煤层气产量增长进行分析。

2020 年产气能力有望达到 220 亿 m³；2025 年产气能力达到 300 亿 m³；2030 年产气能力达到 400 亿 m³。

（4）煤制气产能预测

考虑煤制气的建设周期，结合已投产、路条、核准及在建项目情况，通过统计总的产能，考虑可接入管道的可能性及供应价格水平，筛选不同时期不同项目的实施可能性，预测煤制气的产量。

在本书中分两个阶段考虑，第一阶段为 2025 年之前，煤制气项目发展相对明确，主要是现有内蒙古、新疆相关煤制气，核准的新粤浙配套若干煤制气项目，前期工作的蒙西配套煤制气项目，前期工作的鄂安沧配套煤制气项目，部分省内煤制气项目的实施。第二阶段为 2025 年之后，考虑在新疆、内蒙古等地区内备案的煤制气项目实施的可能性，选取具备实施可能性的项目，进行排产安排。

此外，考虑到 2016 年 4 月 13 日由国家发展和改革委员会、商务部会同有关部门汇总、审查形成的《市场准入负面清单草案（试点版）》列明了年产超过 20 亿 m^3 的煤制天然气项目需由国务院投资主管部门核准，煤制气项目建设速度将有所减缓。

虽然 2020 年已拿到路条的项目总产能为 842 亿 m^3/a，但相比于昔日"逢煤必化"的发展冲动，如今煤制气行业已显得更为冷静和理性。此外，国家"十三五"煤化工行业的主旋律是告别"大发展"、升级示范先行。根据最新的行业数据，预计到 2020 年，我国煤制天然气产能将达 200 亿 m^3，2025 年达 450 亿 m^3，2030 年达 750 亿 m^3。

（5）可燃冰产能预测

目前，全面推动我国海域可燃冰资源开发的时间表已基本清晰：2013 年起用 3 年时间重点开展资源勘查工作，开展生产试验先期研究，并在陆域实施试采工程；2016 年起用 5 年时间开展资源勘查工作，同时进行生产试验研究；2020 年前后突破可燃冰的开采技术，基本形成能够适应工业化开发规模的工艺、技术和设备体系；2030 年前后实现可燃冰的商业化开发，预计 2030 年可燃冰产能为 50 亿 m^3。

（6）生物质燃气产能预测

我国生物质燃气市场虽然在扩大，但却存在不少问题。虽然我国生物质燃气总产气潜力达 2 097 亿 m^3/a，但目前主要还是靠政府投入来解决，我国生物质燃气尚未形成真正的产业。同时，我国生物质燃气技术也不成体系，缺乏长期深入研究和核心技术、工艺和装备不配套、制造质量差等问题突出。具体到发展秸秆沼气转化也还存在诸多问题。一是没有统一的标准和发展模式，造成了大量资金和资源浪费；二是沼气转化装置大多是小型户用沼气池，管理成本高、使用寿命短，与城镇化发展不相适应；三是规模不合理，大多数 1 000 m^3 以上的厌氧装置因产出的气消化不了，都没有满负荷运行，沼气发电效率低下；四是在全国沼气池发展到 4 000 多万口的今天，大多数地方沼气既没有走出农村，也没有在农村普及，仍然被当作小能源。农作物秸秆、餐厨垃圾、人畜禽粪便的处理和应用仍然是困扰城乡人居环境的重点难题；五是现行的国家补贴政策重建设、轻管理，没有发挥有效的引导作用，没有形成规模化生产的格局。

未来随着生物质燃气开发、运输和利用技术不断完善，生物质燃气利用规模有望逐步扩大，预计 2030 年的可利用量将达到 50 亿 m^3。

（7）产能综合预测结果

综上所述，预计我国国产天然气能力 2020 年达 2 470 亿 m^3，2025 年达 3 400 亿 m^3，2030 年达 4 750 亿 m^3（表 2-25）。

表 2-25　未来我国天然气可供资源量预测　　　　　单位：亿 m^3

资源类型	2020 年	2025 年	2030 年
常规气	1 750	2 150	2 700
页岩气	300	500	800
煤层气	220	300	400
煤制气	200	450	750
可燃冰	—	—	50
生物质燃气	—	—	50
小计	2 470	3 400	4 750

2.2.2.2　进口天然气能力预测

我国进口天然气包括进口 LNG 和进口管道气，2017 年我国共计进口天然气952 亿 m^3，同比增长 28.1%。其中 LNG 进口量为 493.4 亿 m^3、管道气进口量458.6 亿 m^3，LNG 进口量首次超过管道气，占天然气进口量的 51.8%；目前我国天然气进口已经形成了西北、西南和海上三大进口通道，对外依存度上升为39.7%。根据 2014 年 5 月 21 日签署的《中俄东线供气购销合同》，2019 年 12 月俄罗斯开始向我国供气。我国形成西北、西南、东北三大管道气进口通道，以及海上 LNG 进口通道，我国天然气供应的安全可靠性进一步增加。

（1）进口管道气能力预测

1）进口中亚气能力预测

根据中亚三国的天然气资源情况，结合各国天然气生产现状及世界能源机构的预测，对中亚三国天然气产量及最终可向我国出口气量进行预测，并结合中亚签署资源情况、管道建设情况，对我国最终引进中亚资源量进行预测。

目前，我国分别与土库曼斯坦、乌兹别克斯坦、哈萨克斯坦签署的协议量为 500 亿～650 亿 m^3/a、100 亿 m^3/a、50 亿～100 亿 m^3/a，协议量的实现需要结合基础设施的建设和中亚三国国内剩余气量情况，考虑未来三国还将向欧盟及印巴地区输送天然气，中亚进口管道气为其区间范围。预计我国进口中亚气的潜在数量 2020 年为 650 亿 m^3、2025 年为 850 亿 m^3、2030 年为 850 亿 m^3（表 2-26）。

表 2-26　我国未来从中亚各国进口天然气的能力　　　　　单位：亿 m^3

年份	2015	2020	2025	2030
土库曼斯坦	225	500	650	650
乌兹别克斯坦	50	100	100	100
哈萨克斯坦	30	50	100	100
合计	305	650	850	850

2）进口中缅气能力预测

2008 年 12 月 24 日，中国石油与缅甸上游气源开发联合体签署《关于瑞气田的天然气购销协议》，根据协议，缅甸若开邦（Arakan State）沿岸以外海域 A1 和 A3 油气区块的天然气通过中缅天然气管道输送到中国西南地区，合同期为 30 年。2009 年 3 月 26 日，中缅政府签署《中华人民共和国政府与缅甸联邦政府关于中缅油气管道项目的合作协议》，根据协议，缅甸通过中缅天然气管道向中华人民共和国供气 120 亿 m^3/a，稳定供气 30 年。2020 年之前，中缅进口规模约为 50 亿 m^3/a，2025 年为 80 亿 m^3/a，2030 年为 120 亿 m^3/a。

3）进口中俄气能力预测

2014 年 5 月 21 日，中国石油和俄罗斯天然气工业股份公司签署《中俄东线供气购销合同》，根据合同，从 2018 年起，俄罗斯开始通过中俄天然气管道东线向我国供气，输气量逐年增长，最终达到每年 380 亿 m^3，累计合同期 30 年。主供气源地为俄罗斯东西伯利亚的伊尔库茨克州科维克金气田和萨哈共和国恰扬金气田，俄罗斯天然气工业股份公司负责气田开发、天然气处理厂和俄罗斯境内管道的建设。中国石油负责我国境内输气管道和储气库等配套设施建设。

根据中俄签署的协议，从 2018 年开始中俄管道东线向中国输气，科维克金气田和恰扬金气田天然气资源及开采量完全可满足中俄东线签署资源量，中俄输气量主要取决于管道等基础设施的投产时间，由于地质、环境等条件较为恶劣，管道建设周期将超过预期，2020 年向中国输气能力为 150 亿 m^3，2025 年及 2030 年均按照达产输气能力 380 亿 m^3/a 考虑。2030 年之前以中俄、中缅、中亚合同资源量作为参考进行预测，2030 年之后重点考虑俄罗斯西线气源新增气量的安排和部分中亚气的增量安排。

综上所述，2015 年我国进口管道气资源约为 350 亿 m^3，2020 年为 850 亿 m^3、2025 年为 1 310 亿 m^3、2030 年为 1 350 亿 m^3（表 2-27）。

表 2-27　我国未来管道进口天然气的能力　　　　　　　　　　单位：亿 m^3

进口来源	2015 年	2020 年	2025 年	2030 年
中亚气	305	650	850	850
中缅气	45	50	80	120
中俄气	—	150	380	380
合计	350	850	1 310	1 350

（2）进口 LNG 能力预测

1）接收站分析

截至 2013 年年底，我国已投产、核准及在建的 LNG 接收站共计 15 座，一期设计接收总能力为 4 600 万 t/a；二期扩建核准的有 5 座，扩建能力为 1 440 万 t/a，至此一、二期投产、核准在建的接收站总能力为 6 040 万 t/a；已拿到路条的 LNG 接收站有 7 个，接收能力为 1 950 万 t/a；处于规划可研阶段的 LNG 接收站有 7 个，一期接收能力为 1 950 万 t/a。上述所有 LNG 项目合计多达 30 个，总接收能力达 9 940 万 t/a。

2）进口 LNG 量预测

截至 2014 年 6 月，我国已签订的 LNG 合同量为 4 945 万 t/a，结合 LNG 接收站接收能力、LNG 资源合同不同阶段的增量以及 LNG 现货进口增长趋势，分析预测我国进口 LNG 未来的资源量。其中，现货贸易量由 2008 年的 60 万 t/a 增长到 2013 年的 270 万 t/a，呈现出较高的增长态势。

近 3 年来，我国进口 LNG 现货量均保持 250 万 t/a 以上的进口规模，考虑已签 LNG 长期贸易合同量、现货贸易量以及未来新签 LNG 合同量之和作为我国进口 LNG 量，预计 LNG 进口量上限，2020 年为 5 100 万 t，2025 年为 6 000 万 t，2030 年为 6 500 万 t（表 2-28）。

表 2-28 我国未来进口 LNG 的潜在数量　　　　　　单位：万 t

年份	2020	2025	2030
LNG 长协合同量	4 600	5 000	5 000
现货及新签合同量	500	1 000	1 500
LNG 进口量预测*	5 100	6 000	6 500

*资料来源：课题组根据相关资料测算。

（3）进口能力综合预测结果

综上所述，"十三五"及中长期我国天然气进口量快速增长，形成 PNG 和 LNG 两种资源，LNG 中亚、中缅、中俄、海上四种，中亚、中缅、中俄为 PNG 非 LNG 进口通道的多元化进口格局。2020 年天然气进口量 1 570 亿 m³，2025 年达到 2 140 亿 m³，2030 年达到 2 250 亿 m³（表 2-29）。

表 2-29 我国未来天然气进口量预测　　　　　　单位：亿 m³

年份	2020	2025	2030
进口管道气	850	1 310	1 350
进口 LNG	720	830	900
进口气合计	1 570	2 140	2 250

2.2.2.3 天然气总供给能力预测结果

综上所述，在按照市场需求进行资源优化抑制后，初步给出我国未来天然气供应能力预测：2020 年为 4 040 亿 m³，2025 年为 5 540 亿 m³，2030 年为 7 000 亿 m³（表 2-30）。

表 2-30 我国未来天然气供应能力预测   单位：亿 m³

天然气类型	2020 年	2025 年	2030 年
常规气	1 750	2 150	2 700
页岩气	300	500	800
煤层气	220	300	400
煤制气	200	450	750
可燃冰	—	—	50
生物质天然气	—	—	50
进口管道气	850	1 310	1 350
进口 LNG	720	830	900
合计	4 040	5 540	7 000

2.2.3 页岩气供应多情景分析

如前所述，我国页岩气资源丰富，总的资源量是常规气和煤层气之和，开发技术日益成熟、开发成本逐步下降，有比肩常规气、成为主力气源的潜质。页岩气开发是国家战略性新兴产业，对页岩气资源丰富的滇黔桂及川渝等地区加快新旧动能转换、增加经济支点、打赢精准脱贫攻坚战具有重要现实意义。然而，尽管 2012 年以来涪陵页岩气增储上产形势喜人，但全国总体上仍处于发展初级阶段，在市场规模、技术规范、上下游产业体系培育上都远未成熟，亟须建立政策长效机制。

因此，本书在前述三种需求情景的基础上，进一步重点考虑了页岩气政策对供应能力的影响。

（1）页岩气补贴政策现状

2012 年 11 月 1 日，财政部和国家能源局联合发布《关于出台页岩气开发利用补贴政策的通知》，指出中央财政对页岩气开采企业给予补贴，2012—2015 年的补贴标准为 0.4 元/m³，补贴标准将根据页岩气产业发展情况予以调整。地方财政可根据当地页岩气开发利用情况对页岩气开发利用给予适当补贴，具体标准和补贴办法由地方根据当地实际情况研究确定。

2015 年 4 月 17 日，财政部和国家能源局联合发布《关于出台页岩气开发利用补贴政策的通知》指出，2016—2020 年，中央财政对页岩气开采企业给予补贴，其中 2016—2018 年的补贴标准为 0.3 元/m³；2019—2020 年的补贴标准为 0.2 元/m³。财政部、国家能源局将根据产业发展、技术进步、成本变化等因素适时调整补贴政策。

（2）政策情景

目前为止，我国的财政补贴已经执行了 6 年时间，从涪陵等"甜点"区块的快速发展来看，这样的补贴标准有效地促进了页岩气起步阶段的发展，尽管从目前来看涪陵等资源条件较好的区块对补贴的依赖程度不高，但是考虑到近 14.4 万 km² 的区块亟待勘探开发，本书重点研究了补贴政策的变化对页岩气供应的影响，设计了两个情景：

补贴情景 1：假设 0.2 元/m³ 的补贴持续到 2020 年后即取消，即为补贴提前退出情景。

补贴情景 2：假设 0.2 元/m³ 的补贴持续到 2030 年，即为补贴延迟退出情景。

进一步与 3 个需求情景组合后，可得到 6 个政策情景组合，见表 2-31。

表 2-31 页岩气需求情景和政策情景组合

	低需求情景	中需求情景	高需求情景
补贴情景 1	Ⅰ	Ⅱ	Ⅲ
补贴情景 2	Ⅳ	Ⅴ	Ⅵ

情景Ⅰ、Ⅱ、Ⅲ分别为在市场低需求、中需求和高需求 3 个情景下，页岩气补贴提前退出的政策情景；

情景Ⅳ、Ⅴ、Ⅵ分别为在市场低需求、中需求和高需求 3 个情景下，页岩气补贴延迟退出的政策情景。

2.2.4 模型计算结果

（1）各情景结果分析

利用天然气供需优化模型，对我国 2015—2030 年的天然气供需进行多情景分析，具体如下文所示。

1）情景Ⅰ下的气源结构预测结果

如图 2-14 所示，在低需求情景下，我国未来气源主要是国内常规气，2020年和 2030 年占比稳定在 58%左右；进口气比重稳定，从 2015 年的 31.7%逐步增加到 2020 年的 33%和 2030 年的 36%。由于需求不足，再加上补贴的取消，2020年之后页岩气新区块的勘探开发受到一定制约，页岩气产量增加主要以当前区块为主，2020 年页岩气产量达到 150 亿 m³，2030 年达到 230 亿 m³，占需求总量的比重从 2015 年的 2.3%增加到 2020 年的 5.2%，但此后至 2030 年逐步下降至 5.1%。

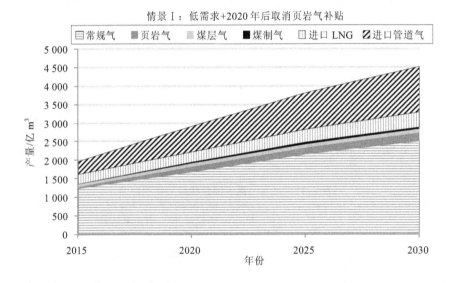

图 2-14   情景Ⅰ的气源结构走势

2）情景Ⅱ下的气源结构预测结果

如图 2-15 所示，在中需求情景下，我国未来气源仍以国内常规气为主，但比重逐步下降，2020 年和 2030 年占比分别为 53%和 50%；进口气比重较情景Ⅰ有所增加，上升到 37%左右。由于需求增加，2020 年页岩气产量达到 200 亿 m³，2030 年达到 420 亿 m³，占需求总量的比重从 2015 年的 2.3%增加到 2020 年的 6%和 2030 年的 8%。

情景Ⅱ：中需求+2020年后取消页岩气补贴

图例：常规气　页岩气　煤层气　煤制气　进口LNG　进口管道气

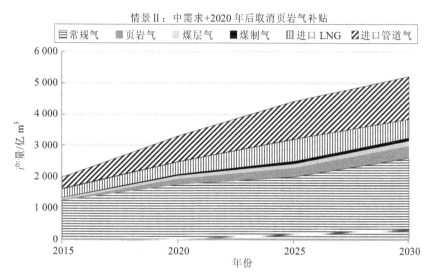

图 2-15　情景Ⅱ的气源结构走势

3）情景Ⅲ下的气源结构预测结果

如图 2-16 所示，在高需求情景下，国内常规气比重进一步下降，2020 年和 2030 年占比分别为 49%和 45%；进口气比重较情景Ⅰ和情景Ⅱ进一步增加，

情景Ⅲ：高需求+2020年后取消页岩气补贴

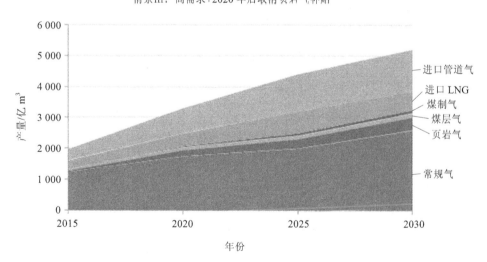

图 2-16　情景Ⅲ的气源结构走势

上升到 41%左右。由于需求增加，2020 年页岩气产量达到 200 亿 m³，2020 年后由于缺乏新区块的勘探开发，即使现有区块的产能充分发挥，产量也难有进一步明显提升，预计 2030 年仍然只有 420 亿 m³，占需求总量的比重从 2015 年的 2.3%增加到 2020 年的 6%和 2030 年的 7%。

4）情景Ⅳ下的气源结构预测结果

如图 2-17 所示，在低需求情景下，我国未来进口气比重从 2015 年的 31.7%逐步增加到 2020 年的 33%，此后由于页岩气产量的增加，进口气比重到 2030 年略下降到 32%。尽管需求不足，但受到补贴的激励，2020 年页岩气产量仍能达到 200 亿 m³，2030 年进一步增加到近 430 亿 m³，占需求总量的比重从 2015 年的 2.3%增加到 2020 年的 7%，2030 年进一步增至 9%。

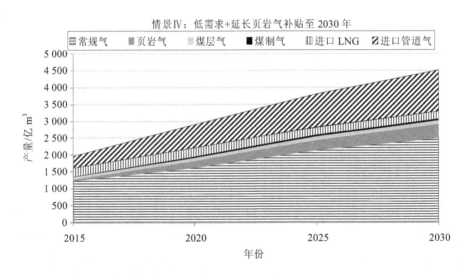

图 2-17　情景Ⅳ的气源结构走势

5）情景Ⅴ下的气源结构预测结果

如图 2-18 所示，在中需求情景下，与情景Ⅳ不同，进口气比重仍基本维持在 33%左右，页岩气产量则显著增加，2020 年页岩气产量达到 300 亿 m³，2030 年达到 700 亿 m³，占需求总量的比重从 2015 年的 2.3%增加到 2020 年的 9%和 2030 年的 13.5%。

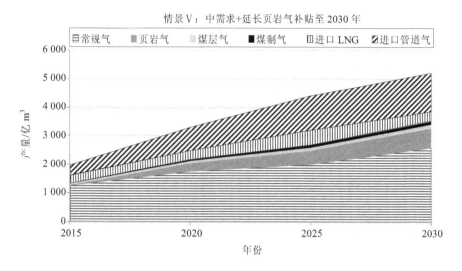

图 2-18　情景 V 的气源结构走势

6）情景Ⅵ下的气源结构预测结果

如图 2-19 所示，在高需求情景下，页岩气的产能进一步释放，2020 年页岩气产量达到 300 亿 m³，2030 年达到 800 亿 m³，占需求总量的比重从 2015 年的

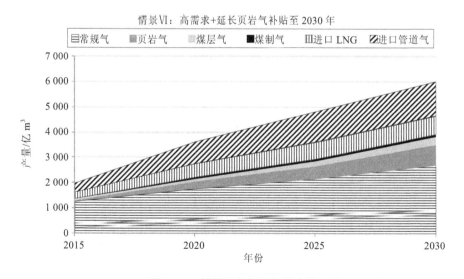

图 2-19　情景Ⅵ的气源结构走势

2.3%增加到2020年的8%和2030年的13.3%。但由于需求快速增加，进口气比重略有上升，2020年和2030年比重分别为38.6%和34.7%。

（2）页岩气多情景结果比较分析

1）页岩气产量的多情景比较分析

如图2-20所示，补贴对于我国提高页岩气产量具有重要的政策激励作用。尽管补贴仅延长到2025年，但对于稳定投资者心理预期、吸引社会主体广泛参与具有重要作用。此外，天然气需求能否稳定较快增长也是重要的影响因素，若天然气需求整体低迷，考虑到与常规气竞争时仍不具有成本优势，页岩气产能难以充分释放。总体来看，2020年我国页岩气的产量应在150亿～300亿m^3，较大可能是200亿m^3；2030年产量在230亿～800亿m^3，较大可能是400亿～500亿m^3。

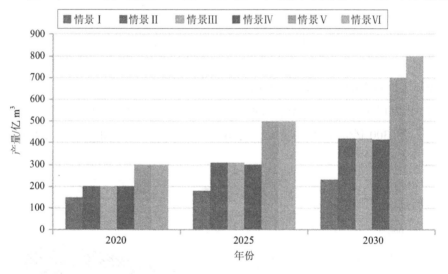

图 2-20　页岩气产量多情景比较分析

2）页岩气新增补贴及对天然气整体运行成本的影响

进一步分析2020年之后延长补贴的经济性，如表2-32所示，三种需求情景下，2025年和2030年的补贴总额分别为60亿～100亿元和80亿～160亿元，相应地对天然气系统总成本的影响主要是体现在2030年系统总成本的下降，下降总额可达到300亿～600亿元。

表 2-32　页岩气新增补贴及对天然气整体运行成本的影响　　　　单位：亿元

		2025 年	2030 年
页岩气补贴总额	低需求	60.4	83.0
	中需求	100.0	140.0
	高需求	100.0	160.0
天然气系统总成本变化	低需求	101.0	−299.0
	中需求	−3.0	−475.0
	高需求	12.0	−614.0

（3）主要结论

在以总供应成本最小化为原则的分析基础上，各气源基于成本因素和供应能力考量，主要有如下优先序结论。

①2020 年之前，考虑到能源安全，进口天然气占需求的比重不应超过 1/3；2020 年之后，尽管随需求增加进口比重可能上升，但是只要页岩气发展顺利，就有望实现进口比重在 1/3 左右保持稳定。

②发展页岩气与发展常规气、煤层气不太可能冲突，常规气是保障我国天然气稳定供应的基础，应该在现有资源基础上充分释放产能；煤层气是煤炭开采过程中必须先行开采的资源，否则随意释放不但是资源浪费，还是重要的温室气体排放源和安全生产风险点，因此煤层气也是要应采尽采。页岩气作为除常规气之外增产潜力最大、成本最接近常规气的气源，应该积极开发，将页岩气开发作为应对国际天然气市场震荡的重要市场调控手段。要想其未来能够充分发挥市场稳定器的作用，需要随着天然气需求总量的扩大，加紧开发页岩气，保证其有 10%以上的市场份额。

③尽管自 2012 年以来我国页岩气开局顺利、成绩喜人，但我国页岩气产业总体上仍处于发展初级阶段，还有大量区块缺乏详细的勘探开发，在市场规模、技术规范、上下游产业体系培育上都远未成熟，亟须建立政策长效机制。因此加强页岩气勘探开发，需要延长补贴，为市场主体的参与创造稳定的投资预期，鼓励更多的社会资本力量进入，确保我国页岩气产业能够迅速发展、成熟壮大。

页岩气开发对经济影响的评估方法与思路 第3章

随着我国页岩气大规模开发利用，评估页岩气开发带来的经济影响越来越重要。美国页岩气规模化开发多年，研究美国页岩气开发对地区经济的影响及评估方法，对评估我国页岩气开发的经济影响具有重要借鉴意义。在研究美国页岩气开发对地区经济影响的基础上，提出页岩气开发对我国地区经济影响的评估思路。

3.1 页岩气开发对当地经济效益的评估方法

在美国页岩气开发对国家和地区产生的经济影响研究当中，重点研究页岩气开发对地区带来积极效益的，以页岩气行业赞助的研究居多。行业研究往往更加强调页岩气开发带来的效益，如集中于对页岩气开发地区带来的积极正溢出效应。页岩气开发对当地的经济效益主要包括经济的增长、政府税收的提高以及就业岗位的增加等。目前，美国使用范围较广的是 IMPLAN（impact analysis for planning）模型。

3.1.1 IMPLAN 模型方法及其应用

IMPLAN 模型由美国明尼苏达州米格（MIG）公司建立，通过对美国地区投入产出数据库进行开发和数据汇编，为广泛的用户提供 IMPLAN 软件服务。IMPLAN 模型本质上是投入产出模型的一种，是一个被广泛用于推算地区就业量的模型，它常被政府机构用来预测地区的就业和经济。IMPLAN 模型主要基于的假设有：生产函数恒定，没有规模效应；没有供给约束；固定的产品投入结构；同比例产出；产业技术假设等。运用 IMPLAN 模型进行分析时，主要有两个阶段：描述性模型建模阶段和预测性模型建模阶段。其中，描述性建模包含描述商品从生产者向中间厂商和最终消费者的流动情况的投入产出和描述非产业部门之间资金流的社会核算矩阵。而预测性建模最重要的是计算区域经济对一项变动反应程度的各种乘数。在 IMPLAN 模型预测中，有三种类型的乘数：Ⅰ类乘数、Ⅱ类乘数和Ⅲ类乘数。不同的乘数将变量对经济的影响分为直接影响、间接影响和诱导影响，其中Ⅰ类乘数可以衡量直接和间接的影响，Ⅱ类乘数可以衡量直接、间接和诱导的影响，Ⅲ类乘数除衡量直接、间接和诱导影响之外，还可以建立包含各部门之间关系的模型。

IMPLAN 模型投入产出分析通常被用来分析和预测直接的、间接的和诱导的页岩气开发带来的经济效益。美国阿肯色州大学商业和经济中心使用 IMPLAN 模型得出，2007 年费耶特维尔页岩气开发为地区大约提供了 10 000 个工作岗位，并预测 2008—2012 年将提供 11 000～12 000 个工作岗位，年就业率乘数为 2.5～2.64。Considine 等通过使用 IMPLAN 模型对宾夕法尼亚州调查数据进行分析，得出 2008 年页岩气开发带来包括直接影响、间接影响和诱导影响总计 23 亿美元的增加值，创造了超过 29 000 个工作岗位，给国家和当地政府带来 2.4 亿美元的税收收入。并预测在 2009 年，增加值将达到 38 亿美元，国家和地区的税收收入将达到 4 亿美元，创造的工业岗位将超过 48 000 个。美国 IHS 公司使用 IMPLAN 模型和它本身的贸易流动数据库，得出在 2012 年，非常规天然气和石油生产州创造了超过 120 万个工作岗位，其中由页岩气开发直接带来的工作岗位大约占 20%。

3.1.2　IMPLAN 模型适用性评价

IMPLAN 模型兼顾了行业层面和项目层面的产业关联关系，适应于评估对一个地区的综合经济效益，对认识页岩气开发项目产业带动作用意义重大。但该方法也存在一定的不足：Bess 和 Ambargis 认为 IMPLAN 模型使用了和现实并不严格相符的假设，脱离现实的假设将导致不准确的结果。此外，由于 IMPLAN 模型研究没有考虑页岩气开发带来地区的环境污染影响，例如，水污染和空气污染等，环境影响应该被包含在分析模型中。Kinnaman 指出，IMPLAN 模型忽略了页岩气开发挤出其他行业发展的可能性，带来估计结果的偏高。而且在一个地区页岩气开发在过去是不存在的，所以它是不可能知道确切的行业之间的相关系数的，而借鉴其他页岩气开发地区的数据可能导致不准确的结论。Barth 认为由于 IMPLAN

模型的部分假设存在问题，以及方法学上不能反映环境的影响和对地区和社会的全成本影响，其估计的影响结果常常被夸大。由于 IMPLAN 模型是使用美国地区投入产出数据库开发和数据汇编的服务软件模型，并不能直接在我国应用，需结合其他研究数据建立适合我国研究区域的页岩气经济影响评估投入产出模型。

3.2   页岩气开发的外溢经济损失分析

页岩气开发虽带来地区经济效益的增加，但也会给开发地区带来潜在的经济损失，对当地潜在的经济损失也应该反映在经济评估上。页岩气开发带来的外溢经济损失主要包括页岩气开发引起环境污染带来的经济损失、页岩气开发带来其他行业的潜在经济影响、开发地区需要投入的额外成本和机会成本以及从长期来看可能存在的"资源诅咒"问题等。

3.2.1   环境污染带来的潜在经济损失

页岩气开发存在大量的潜在风险，其开发过程中的环境问题引起国内外学者的广泛关注和研究。页岩气开发需要大量的水资源，开采一口水平井钻井和压裂所需水量约为 4 000～20 000 t，而压裂用水中包含 200 多种化学添加剂，会引起地下水和地表水污染的风险，压裂液渗透会造成潜在地下水污染，而反排水处理不当会造成地表水的污染。开采过程中的甲烷逸散风险会对空气造成污染并加剧温室效应。在整个页岩气井的钻井、压裂和完井过程中，甲烷排放量比常规天然气开发至少多 30%。大规模的钻井活动占用大量的耕地资源，破坏地表植被，改变原有土地利用方式，造成土壤扰动。页岩气井水力压裂过程中需要大量大型施工设备，占用的土地面积远大于常规油气的钻井井场面积。页岩气开发可能引发局部微小地震，美国阿肯色州、宾夕法尼亚州等地区出现的一连串轻微地震与地区广泛使用水力压裂技术有一定的关系。Elst 和 Abers 认为，页岩气开采水力压裂法是美国多场地震的诱因。除对水资源、大气和地质有影响外，页岩气开发还对当地生产和生活环境产生不利影响。部分学者对页岩气开发产生的环境问题进行了定量描述。我国学者郭瑞等结合环境成本理论，建立了页岩气开发环境成本量化模型，包括建立了基于水资源价格的水资源消耗成本模型、人体健康损失和环境质量降低损失的环境成本模型以及生态环境补偿和地质灾害补偿成本计量模型。部分国外学者通过医疗服务成本、特定疾病、生命的损失和预期寿命的减少研究了页岩气开发对人类健康影响的成本，以及基于市场价格的页岩气开发对农场动物影响的成本。

3.2.2　开发对其他行业的潜在影响

页岩气开发带来的环境污染，将给需要清洁空气、水和土地等密切相关的行业带来较大影响，如农业、渔业、旅游业和房地产等。Holtz 认为纽约州农业的品牌形象可能会受到页岩气开发的影响。Rumbach 认为页岩气钻井将给纽约的旅游业品牌带来一定的影响。由于美国部分页岩气开采是在城市中进行的，部分学者研究发现页岩气开发引起周边房屋价值降低。Gopalakrishnan 和 Klaiber 发现2008—2010 年华盛顿和宾夕法尼亚州页岩气开发对周边房价产生负的影响。Throupe 等发现处于水力压裂区附近房屋价值降低 5%～15%。

3.2.3　开发带来的其他成本的增加

由于页岩气开发带来其他地区劳动力的输入，将增加对地区社会服务的需求，如治安、消防和医疗等。Kelsey 和 Ward 通过研究发现，由于页岩气的开发，宾夕法尼亚州许多城市已经增加了相应的社会服务成本。此外，交通拥堵和道路损坏也会带来相应成本的增加。部分页岩气开发区需要大量的重型卡车来运输压裂所需要的水，由此带来明显的道路损坏。Schlachter 通过对得克萨斯州的研究发现，页岩气开发带来当地的道路损失保守估计 20 亿美元。纽约州交通部门的一份研究报告也表明页岩气开发每年带来地区道路损失 1.21 亿～2.22 亿美元。此外，美国交通运输部的一份报告认为，由于不能在页岩气管线地面上或周边进行建筑物的建设，应该在页岩气管线建设的区域考虑页岩气开发的机会成本。

3.2.4　开发地区可能面临"资源诅咒"

Auty 于 1994 年在研究产矿国经济发展问题时，第一次提出了"资源诅咒"（resource curse）的概念，即资源丰富对一些国家的经济增长并不是有利的条件，反而是一种不利条件。Sachs 和 Warner 通过研究发现大多数自然资源丰富的国家比那些资源稀缺的国家经济增长得更慢。Stevens认为针对"资源诅咒"问题，不同地区应该区别对待，不能简单地认为资源的丰度与经济的增长存在正相关或负相关关系。并进一步提出资源开发应该把握适当的速度，这样能够降低其他行业的挤出效应，增加当地产业的多样性，降低发生"资源诅咒"的可能性。"资源诅咒"更多的是发生在资源开发的地区，在全国层面影响可能会较轻，因为资源开发对当地的影响更大，带来对当地环境和生态明显的影响，同时项目的收益大部分流向了中央政府而非地方政府。所以对于页岩气的开发，中央政府政策制定者和地方政府政策制定者考虑问题的角度会有所不同。但各级决策者都应该考虑的一个问题是，是否页岩气的开发带来的效益大于开发的成本，即页岩气开发的净经济影响为正。

总体来看，页岩气开发带来的外溢经济损失影响涉及的方面较多，许多方面还难以进行定量化评估，其中环境污染带来的直接影响虽可以通过相应的模型进行定量，但要准确进行定量还存在一定的困难，而页岩气开发对其他行业的潜在经济损失影响、页岩气开发的机会成本等准确定量化评估也还存在困难。因此在当前情况下，对地区的外溢损失进行全面评估还存在困难。

3.3 页岩气开发净经济影响的评估方法

页岩气开发对地区既带来经济效益，又存在潜在的经济损失，因此更应该注重页岩气开发对地区净经济的影响。通过以上分析可知，页岩气开发带来的外溢经济损失涉及的方面较多，而且一些损失还很难去定量化评估。因而，为了获得页岩气开发带来的净经济影响，部分学者认为可通过采用类似自然科学试验中的对照试验来评估页岩气开发对当地经济带来的净影响。在自然科学中，检验某种因素是否对干预组产生影响，会选取与干预组性质完全相同的对照组，然后在不施加该因素情况下进行干预组与对照组的比较。然而社会科学的研究对象不同于自然科学的研究对象，寻找性质完全相同的对照组比较困难，但是可以通过数学的方法，得到同样在对照组未受该因素影响的情况下进行干预组与对照组的比较。当前评估页岩气开发对地区净经济影响广泛使用的方法是倍差法（difference-in-difference，DID）和合成控制法（synthetic control method，SCM）。

3.3.1 倍差法应用及评价

倍差法（DID）又称双重差分法，近年来多用于计量经济学中对于公共政策和项目实施效果的定量评估。Ashenfelter 和 Card 在其一篇项目评价的文章中，第一次引入 DID 模型。其基本思路是，选取两组调查样本，一组是干预组，政策或项目干预后的地区，对页岩气开发来说，即页岩气开发地区；一组是对照组，非政策或项目干预的地区，即页岩气未开发地区。然后选取能反映评价目标的核心指标，分别计算干预组和对照组在政策或项目实施前后同一核心指标的变化量，两个变化量的差值即政策或项目对干预组的净影响。

倍差法的基本模型公式：$Y_{it}=\alpha+\beta_t+\gamma_d+\delta_{td}+\varepsilon_{it}$

式中，Y_{it} 为个体 i 在 t 时期的结果值；α 为常数项；β_t 为随时间变化的自然趋势效应；γ_d 为样本间的差异效应；δ_{td} 为干预带来的净效应；ε_{it} 为不可观测的影响因素。

在使用倍差法模型之前，需确保满足三个假设：①干预组项目的开展对对照组的相关研究变量不产生任何影响，项目的实施仅对干预组相关研究变量产生影响；②项目开展期间，除干预以外的其他因素对干预组和对照组的影响相同；③干预期间，干预组和对照组的某些重要特征分布稳定，不随时间变化。

倍差法作为政策和项目实施效果定量评估方法在我国其他领域应用广泛，很多学者采用倍差法在医疗制度与机制改革、政府补贴等多个研究领域进行了相关研究。如李凯等使用倍差法对山东省基本药物制度对乡镇卫生院服务量及患者费用的影响进行了研究。施炳展分析了补贴对企业是否出口及出口规模的影响。对于倍差法在页岩气开发领域的应用研究，Kinnaman 认为使用倍差法来估算页岩气开发的净经济影响是比较合适的。Weinstein 和 Partridge 使用倍差法分析了宾夕法尼亚州页岩开发区在 2005—2009 年就业率和人均收入的经济影响结果，得出在宾夕法尼亚州北部和南部有正的人均收入影响，但就业率仅在北部有正的影响。Weber 使用倍差法分析了科罗拉多州、得克萨斯州和怀俄明州等页岩气开发地区在 1993—1997 年以及 1999—2007 年的经济影响结果，并发现其影响结果低于应用 IMPLAN 模型得到的结果。Weinstein 通过 2001—2011 年的数据，使用倍差法分析得到美国能源开发县的就业率乘数是 1.3，并发现其研究结果低于 IMPLAN 模型研究的结果。

倍差法可以剔除在政策或项目实施后影响地区不可观测因素的影响，但仍存在由于干预组与对照组的异质性导致的估计偏差。

3.3.2 合成控制法应用及评价

针对 DID 模型方法计算存在的问题，Abadie 和 Gardeazabal 以及 Abadie 等提出了合成控制法（SCM）。其基本思路是，选取两组样本，一组是干预组，即页岩气开发地区；一组是对照组，通过加权合成一个未进行页岩气开发的虚拟地区作为对照组，具体是通过页岩气开发前的预测变量寻找合适的权重，将未进行页岩气开发的地区加权平均，使合成的页岩气开发地区与真实的页岩气开发地区在开发之前预测变量上的特征尽可能相似。然后比较在页岩气开发后，真实的页岩气开发地区与合成的页岩气开发地区之间的差异为项目对干预组的净影响。

合成控制法的基本模型公式：$Y_{it}=\delta_t+\theta_t Z_i+\lambda_t \mu_i+\varepsilon_{it}$

式中，δ_t 表示时间固定效应；θ_t 表示未知参数；Z_i 表示不受页岩气开发影响的协变量；λ_t 表示影响所有地区的共同因素；μ_i 表示地区固定效应；ε_{it} 表示误差。

合成控制法近年来在我国亦应用广泛，国内部分学者采用合成控制法进行了政策或项目实施后净影响的相关研究。如刘甲炎和范子英采用合成控制法，以重庆和上海为试点，评估了房产税对试点城市房价的影响。王艳芳和张俊采用合成控制法，评估了 2008 年北京举办奥运会对北京空气质量的影响。郑义等运用合成控制法分析了三聚氰胺事件对我国乳制品进口额的影响。

对于页岩气开发对地区经济的净影响，Munasib 和 Rickman 采用 SCM 法，选取劳动就业人数、人均收入水平、人口数和贫困率作为主要合成指标，定量分析了美国阿肯色州、北达科他州和宾夕法尼亚州页岩气开发的净经济影响。

合成控制法虽弥补了倍差法的缺陷，但其在应用上也存在一定的局限性，由于在进行加权构造与目标组完全类似的控制对象时，要求各权重必须为正数，且和为 1，会出现找不到合适的权重来模拟目标的情形。

总体来看，倍差法和合成控制法通过对照试验的方法，可以定量分析页岩气开发对地区的净经济影响，适应于页岩气开发已产生较为明显影响地区的经济分析，但两种方法都有一定的局限性，而且两种方法不能预测页岩气开发对地区经济净影响。

3.4 我国页岩气开发对地区经济影响的评估思路

随着我国页岩气大规模开发利用，页岩气在天然气中所占比重越来越大，评估其开发带来的经济影响也越来越重要。通过对以上各评估方法的优缺点与适应性进行分析，结合当前我国页岩气开发的特点，本书以重庆页岩气开发项目为例，提出页岩气开发对地区经济影响的评估思路。

当前我国重庆涪陵区页岩气开发已成功商业化，页岩气开发对涪陵乃至整个重庆的工业、建筑业、管道运输等行业起到了强有力的支撑作用。随着中石化页岩气勘探公司在涪陵区域的钻探活动接近尾声，其钻探活动将逐步转移到南川、丰都、武隆等周边区县，整个页岩气的开发将在重庆地区全面展开。因此，本书以重庆和涪陵页岩气开发示范区为案例，从两个层面提出页岩气开发对地区经济影响的评估思路，为我国其他页岩气开发地区提供经验和借鉴。

首先，鉴于投入产出模型更适合进行经济效益的评估与预测，结合重庆页岩气项目开发的特点，本书认为可使用与 IMPLAN 模型本质一致的投入产出模型评估并预测重庆地区层面页岩气开发带来的经济效益，并通过改进经济-环境模型将环境污染影响包含到模型当中，评估页岩气开发的环境成本。由于重庆涪陵地区页岩气井 2012 年 11 底开始产气，页岩气行业相关统计尚未纳入 2012 年投入产出表中，因此需结合 2015 年相关统计资料更新 2012 年重庆地区投入产出表，得到包含页岩气行业相关统计的投入产出表。在投入产出表中，页岩气包含在石油和天然气开采产品部门中，重庆不出产石油，页岩气仅包含在天然气开采产品部门中，但常规天然气与页岩气开采方式不同，成本结构各异，对相关产品和行业的需求及带动不同，需区分天然气开采产品中的常规天然气与页岩气。因此需调研页岩气行业相关资料，拆分 2015 年重庆投入产出表中的常规天然气与页岩气，得到 2015 年重庆地区含有页岩气开采部门的相关投入产出表。然后依据投入产出表测算直接、间接和引致的产出及增加值，及对地区 GDP，税收和居民收入直接、间接和引致就业等数据。进一步结合环境统计公报等环境统计资料，测算各行业的排放强度，评估污染物增加的排放量，结合污染物的环境市场价格，评估环境成本。

其方法选择依据为：①总体来看，页岩气开发初级阶段带来的综合效益明显，而环境污染等外溢影响较小，适合采用投入产出模型方法。我国页岩气开发尚处于初级阶段，页岩气产业基础薄弱，基础设施建设相对不足，页岩气开发对相关产业的带动影响大；而当前阶段页岩气开发带来的环境污染影响、对其他行业的影响等外溢经济损失还较小，如重庆涪陵页岩气开发区主要在山区，页岩气开发对当地居民的生活影响和其他产业影响较小。②虽然页岩气开发带来的环境污染等外溢经济损失较小，但仍需重视和关注，可通过改进经济-环境投入产出模型将环境污染包含到模型中，如通过扩展表的方式将环境污染加入模型，评估页岩气开发带来的环境成本。③鉴于数据的可获得性，运用投入产出模型方法的一个关键在于地区的行业间的投入产出关系，而我国投入产出表仅在省、自治区和直辖市层面编制。④相比其他方法，投入产出模型方法可以进行经济影响的预测。随着页岩气开发的全面展开，重庆将在页岩气勘探、页岩气综合利用、管网建设和装备制造方面纵深发展，评估未来页岩气开发给重庆地区带来的经济影响具有重要意义。

其次，可使用合成控制法方法对涪陵页岩气开发示范区净经济影响开展评估。相比倍差法，合成控制法可消除由于干预组与对照组的异质性导致的估计偏差。涪陵区为重庆市辖区，为了能使合成的涪陵区更接近真实情况，可选取同为重庆市辖县级区的其他23个区、10个县、4个自治县的数据进行加权平均作为参照组。这些区县与涪陵区在地理位置、自然环境、资源禀赋、经济发展水平等相比其他地区更为接近，较为适宜采用合成控制法。时间跨度上可选择2005—2015年的面板数据。

其理由：①涪陵页岩气开发自2014年以来已成功取得商业化，页岩气开发给涪陵区带来的经济影响更加明显，适合采用对照的方法对其进行评估。②鉴于数据的可获得性，涪陵区缺乏相关行业间的投入产出关系。③据初步了解，2016年涪陵页岩气勘探开发接近尾声，开发带来的经济影响也将平稳，采用合成控制法可合理评估页岩气开发带来的地区净经济影响。

最后，虽然目前对页岩气开发的外溢经济损失进行全面评估还存在一定困难，但随着我国页岩气大规模开发不断进行，页岩气开发带来的外溢经济损失将日益显著。随着现有方法的不断完善和新研究方法的出现，在评估页岩气开发对地区综合经济影响时，要更加注重定量化评估页岩气外溢经济损失。

页岩气开发对涪陵经济社会环境影响研究 第4章

在"双碳"目标背景下，将进一步加大页岩气勘探开发投入力度，随着开采技术进步，我国页岩气产能也将快速增长，页岩气将成为我国油气产业新的增长点。重庆涪陵页岩气田是我国发展最快、建成产能最大的页岩气田，在开发过程中对涪陵经济社会发展起到了很大的带动作用，但同时也带来了一些环境和社会影响，深入研究页岩气大规模开发带来的经济社会环境影响、正确评估页岩气开发对经济社会环境的成本效益，显得尤为重要。

4.1 涪陵页岩气资源潜力与勘探开发进展

（1）涪陵页岩气资源潜力

涪陵页岩气田位于重庆市辖区内，分布于重庆涪陵、南川和武隆等区县境内，总区块矿权面积为 7 307.77 km²。2015 年 10 月，国土资源部评审认定涪陵页岩气田累计探明含气面积为 383.54 km²，累计探明地质储量 3 805.98 亿 m³，为全球除北美之外最大的页岩气田。2017 年 7 月，国土资源部再次评审认定涪陵页岩气田，新增探明含气面积 192.38 km²，累计探明含气面积为 575.92 km²；新增探明地质储量 2 202.16 亿 m³，累计探明地质储量达到 6 008.14 亿 m³。

（2）涪陵页岩气勘探开发进展

2009 年，中石化在焦石坝区块进行了 595 km² 的三维地震勘探；2011 年，落实了焦石坝和南川等 5 个有利勘探目标；2012 年，在最有利的焦石坝区块部署了第一口海相页岩气勘探井——焦页 1 HF 井；2012 年 11 月 28 日，焦页 1 HF 井出气，随后拉开了涪陵页岩气开发的序幕；2013 年 1 月，焦页 1 HF 井投入试采，标志着涪陵页岩气田正式进入商业开采阶段；同年，启动了试验井组开发工作，并开展了焦石坝区块一期产建区整体评价工作。中石化重庆涪陵页岩气勘探开发有限公司根据"先易后难""整体部署、分步实施"的原则,将涪陵页岩气田分为两期工程,实行滚动开发。

一期产能建设区位于涪陵区境内,主要是焦石坝区块,产能建设目标 50 亿 m^3,截至 2017 年 6 月底,气田累计开钻 370 口,投产 254 口;累计建成产能 76.04 亿 m^3,生产页岩气 124.75 亿 m^3,销售突破 119.76 亿 m^3,日销售 1 640 万 m^3。涪陵页岩气田一期勘探开发进展情况见表 4-1。

表 4-1   涪陵页岩气田一期勘探开发进展情况

	2013 年	2014 年	2015 年	2016 年
开钻/口	30	148	112	44
完井/口	24	112	120	43
完成试气/口	14	75	109	74
投产/口	13	76	91	53
新建产能/亿 m^3	5	20	25	11.72
产气/亿 m^3	1.42	10.81	31.67	45.34

资料来源:①中石化重庆涪陵页岩气勘探开发有限公司提供;
②2016 年数据截至 2016 年 11 月 30 日。

2016 年年初,涪陵页岩气田正式启动气田二期 50 亿 m^3 的产能建设,并确定二期产建区主力区块为江东和平桥等四大区块。其中,平桥区块位于南川区,2016 年 9 月,平桥区块首口开发井——焦页 108-6HF 井钻塞试气测试求产施工结束,日产 18 万 m^3 高产工业气流。焦页 108-6HF 井是一口页岩气开发水平井,也是平桥区块第一口完成压裂试气的开发井。2016 年 9 月,涪陵页岩气田二期产建江东区块焦页 70-1HF 井、焦页 70-2HF 井放喷求产,分别获得 26.71 万 m^3/d 和 23.8 万 m^3/d 高产,进一步落实了该区块上奥陶系五峰组—下志留系龙马溪组页岩气产能,为该区块的产建方案提供了开发依据。

4.2   页岩气开发对涪陵经济社会影响分析

自涪陵页岩气成功开发以来,页岩气产业对涪陵经济产生了积极的推动作

用，成为涪陵区新的经济增长点。根据涪陵区统计局提供的资料，2014 年和
2015 年，中石化重庆涪陵页岩气勘探开发有限公司分别完成工业产值 27.5 亿
元和 96.3 亿元，占涪陵区规模以上工业产值的 2.4%和 7.0%。2015 年直接贡献
了涪陵工业产值 6 个百分点，成为涪陵区工业增长重要的支撑。2014 年和 2015
年，中石化重庆涪陵页岩气勘探开发有限公司分别完成建筑业总产值 86.0 亿元
和 121.7 亿元，占涪陵区建筑业总产值的 35.2%和 38.1%，强力支撑了涪陵区
建筑业产值的高速增长。2015 年，中石化重庆涪陵页岩气勘探开发有限公司实
现交通运输业营业收入 1.2 亿元，占涪陵区交通业营业收入的 2.6%，对涪陵区
交通业起到了较强的支撑作用，同时对涪陵区第三产业发展起到了一定的促进
作用。2014 年和 2015 年，中石化重庆涪陵页岩气勘探开发有限公司分别完成
固定资产投资 96 亿元和 141 亿元，占涪陵区固定资产投资总额的 16%和 21%，
支撑作用明显。

　　总体来看，2015 年页岩气产业直接创造工业增加值、建筑业增加值和交通运
输业增加值为 42.5 亿元，直接贡献了涪陵区 GDP 5.3 个百分点，上缴利税 7.5 亿
元。截至 2016 年年底，涪陵页岩气开发累计缴税超过 19 亿元，成为涪陵区第一
大税源。页岩气产业对涪陵区经济社会发展直接贡献突出。

　　页岩气产业不仅对涪陵区经济发展起到直接积极作用，也间接带动商贸流通、
住宿、餐饮的发展，并增加了居民收入，带动当地就业。中石化重庆涪陵页岩气
勘探开发有限公司坚持资源就地转化利用，优先保证当地居民和企业供气，每年
向涪陵区供应民用气 1.5 亿 m^3，向本土企业优惠供气，支持地方经济社会发展。
2016 年涪陵区页岩气工业用气价格为 1.52 元/m^3，是重庆市最低价，比全市工业
用气平均价格低 26%，给涪陵区相关企业带来较强的市场竞争力。此外，中石化
重庆涪陵页岩气勘探开发有限公司优先引进当地供应商参与建设，优先采购当地
产品，带动当地用工 5 000 余人。可见，页岩气产业对涪陵经济社会的发展间接
带动潜力大。

　　然而通过调研发现，2016 年中石化重庆涪陵页岩气勘探开发有限公司在涪
陵区的投资分别较 2014 年和 2015 年减少 22%和 47%，页岩气勘探开发进入平
稳期后，直接经济带动作用会逐步下降，地方政府面临着如何利用页岩气就地转
化以促进经济可持续发展的挑战。

4.3　页岩气开发对涪陵环境影响分析

4.3.1　涪陵自然环境特征

自然环境特征是页岩气开发必须充分了解的因素，在进行页岩气开发和环境政策制定时，需要充分考虑页岩气开发区的自然环境特征。一方面，页岩气开发区所处环境可制约页岩气开发，如水资源等可对页岩气开发形成制约；另一方面，不同的环境特征对页岩气开发所产生的环境影响的承受力是不同的。

（1）地表水环境特征

重庆涪陵页岩气开发区属于乌江水系，区内主要河流包括乌江、麻溪河、枧溪河和干溪河。乌江在涪陵区注入长江，干流全长为 1 037 m，流域面积为 87 920 km^2，流域内年平均径流量为 536.1 亿 m^3。麻溪河是乌江的一级支流，其源头为涪陵区大木乡，流域面积为 230 km^2，枯水期流量约 5.90 m^3/s。枧溪河属于麻溪河的支流，其源头为涪陵区焦石镇，流域面积约 64 km^2，枯水期流量约 1.61 m^3/s。干溪河也属于麻溪河的支流，其源头为涪陵区焦石镇，流域面积约 23 km^2，枯水期流量约 0.58 m^3/s。

（2）地下水环境特征

明晰地下含水层和隔水层特征对于分析页岩气开发是否会带来地下水污染具有重要作用。

重庆涪陵页岩气的项目层是志留系底部的下志留统龙马溪组，从地表出露层到含气地层奥陶系开始，由新至老的地层分别如下：

1）第四系空隙含水层

地层厚度一般为 1～2 m，不整合覆盖于各老地层之上。此地层旱季一般透水而不含水，雨季局部含季节性孔隙水，与下覆地层因基底岩性及风化程度不同具有一定的水力联系，但富水性弱，季节性变化大，由于厚度小，分布面积有限，其水文地质意义不大。

2）三叠系中统巴东组强岩溶含水层

三叠系中统巴东组为强岩溶含水层，是区域的主要出露层，厚度为 100～

280 m，该水层是具有饮用水供水功能的含水层。

3）三叠系下统嘉陵江组强岩溶含水层

三叠系下统嘉陵江组强岩溶含水层地层厚度为 400～500 m，地表岩溶极度发育，多见溶隙、溶洞和暗河等，该含水层富水性极强，地下水多以岩溶裂隙、岩溶管道流形式赋存，以岩溶泉和暗河形式在低洼沟谷地带集中排泄。该水层同样具有饮用水供水功能的含水层。

4）三叠系下统飞仙关组裂隙弱含水层

三叠系下统飞仙关组裂隙弱含水层，平均厚度为 350 m。该组地层浅部岩石风化破碎，风化裂隙发育，透水性好，含风化裂隙水，出露泉水较多；深部岩心完整，裂隙不发育，含水性极差。总体而言，此岩层富水性较弱。

5）二叠系上统龙潭组裂隙弱含水层

二叠系上统龙潭组裂隙弱含水层，地层平均厚度约 200 m，地层浅部风化裂隙发育，局部含风化裂隙水，深部裂隙不甚发育，多见细小闭合状裂隙，细砂岩中见少量含水裂隙，含水层、隔水层相间产出，显示含水层富水性弱。

6）二叠系下统梁山栖霞茅口组灰岩较强岩溶含水层

二叠系下统梁山栖霞茅口组灰岩较强岩溶含水层，地层厚度约 400 m，为较强岩溶含水层，岩溶中等发育，但极不均匀。

7）石灰系中统黄龙组较强岩溶含水层

石灰系中统黄龙组较强岩溶含水层，地层厚度为 0～28 m，部分区域缺失，含裂隙水和溶洞水，地层埋深约 1 000 m。

8）志留系中下统隔水层

地层总厚度大于 1 000 m，其中含气地层为志留系底部的下志留系龙马溪组，龙马溪组为一套浅海相砂页岩地层，厚度为 70～114 m。

9）奥陶系古岩溶含水层

地层厚度约 500 m，为含气层地层底板，赋存有深层岩溶地下水。地层埋深为 2 000～2 500 m。[①]

从地层资料可知，具有供水意义的地层是三叠系中统巴东组强岩溶含水层和

三叠系下统嘉陵江组强岩溶含水层；奥陶系古岩溶含水层虽是含水层，但其在含气层志留系中下统隔水层之下，为深层地下水。奥陶系古岩溶含水层与浅层地下水水力联系，开采难度大，现阶段无供水意义。

（3）大气环境特征

重庆涪陵页岩气示范区属于中亚热带湿润季风气候区，具有气候温和、雨量充沛、湿度较大、四季分明、风速小等气候特点。全年主导风向为东北风，年平均风速为 0.7 m/s，年内各月平均风速为 0.37～0.9 m/s，1 月和 7 月风速最大，为 0.9 m/s。全年静风频率较高，平均静风频率为 39.4%，其中冬季最高，为 48.4%，夏季最低，为 32.8%。

（4）生态环境特征

重庆涪陵页岩气示范区土地利用类型以耕地和林地为主，草地次之。现有林地以人工柏木林和马尾松林为主，灌木林地面积较小，其他林地主要为天然次生林。示范区土壤以紫色土和水稻土为主，属国家级水土流失重点治理区，土壤侵蚀类型以水力侵蚀为主。

4.3.2   页岩气开发对水资源的影响

水资源问题是页岩气开发过程中面临的最主要环境问题。页岩气开发对水资源的影响主要包括水资源消耗和水环境污染。

（1）页岩气开发水资源消耗

本小节从六个方面全面分析重庆涪陵页岩气开发的水资源消耗问题，包括单井水资源消耗量、单位长度压裂水资源消耗量、单位产量水资源消耗量、单位能源水资源消耗量、开发用水来源、开发用水占当地用水比例。

1）单井水资源消耗量

页岩气开发过程中多个阶段都需要消耗水资源，包括钻井作业、冲洗井、完井压裂以及生活用水等，其中压裂过程用水一般占整个过程用水量的 80% 以上。通过调研发现涪陵钻井作业用水量在整个过程中较多，但大部分水都进行循环利用，整个过程新鲜水消耗量较小。

重庆涪陵地区单井用水消耗量为 28 000～35 000 m³，平均用水量约 30 000 m³，压裂用水量在 90% 以上。美国能源部统计了 Marcellus 页岩、Barnett 页岩、

Fayetteville 页岩和 Haynesville 页岩等几大页岩气产区，页岩气田单井平均用水量为 10 000～15 000 m³，压裂用水量占比 73%～98%。页岩气单井平均用水量和压裂用水量情况见表 4-2。从单井用水量来看，重庆涪陵用水量明显高于美国地区用水量。

表 4-2　页岩气单井平均用水量和压裂用水量情况

页岩气产区	单井平均用水量/m³	压裂用水量/m³	压裂用水占比/%
重庆涪陵	30 000	29 100	97
Marcellus	15 000	14 700	98
Barnett	10 000	8 500	85
Fayetteville	12 000	11 400	95
Haynesville	14 000	10 220	73

资料来源：美国地区页岩气井用水量来自美国能源部（2009）。

综上所述，影响用水量的主要因素包括井深、水平段长度、压裂段数、每段压裂用水量以及地质特征和压裂液等。美国页岩气开发井普遍浅于我国，美国页岩气开发的主体井深 1 500～3 500 m，我国页岩气埋深超过 3 500 m 的页岩占 65%。重庆涪陵页岩气开发区单井井深 4 100～4 700 m。不同的地质特征和所用压裂液对水力压裂用水量也会产生较大影响。此外，最为关键的还是压裂段数和每段压裂用水量。

2）单位长度压裂水资源消耗量

影响页岩气单井用水量的两个重要指标：一是单位长度压裂用水量；二是水平段压裂段数。单位长度压裂用水量见表 4-3。重庆涪陵页岩单井开发每段长度约 100 m，每段压裂用水量为 1 800～2 000 m³，则重庆涪陵单位生产段用水量为 18～20 m³/m。在压裂段数方面，重庆涪陵压裂段数在 15 段左右，而美国页岩气井压裂段数为 15～24 段。重庆涪陵页岩气用水量主要是单位长度压裂用水量高于美国地区。

表 4-3 单位长度压裂用水量 单位：m^3/m

页岩气产区	用水量
重庆涪陵	18～20
Barnett	12.5
Haynesville	14
Eagle Ford	9.5

资料来源：Nicot 和 Scanlon，2012，2014。

3）单位产量水资源消耗量

页岩气开发水力压裂目的是要获得单井最终更高的采收率，在每段压裂用水量基本不变的情况下，水平段增长、水力压裂段数增多，单井消耗水资源量必然增加，但由于动用的储量程度也高，页岩气单井最终的采收率也将更高（曾义金，2014）。因此，估算单位页岩气产量水资源消耗量具有重要意义。

一般来讲，页岩气水平井水平段越长，压裂段数越多，单井产能越大，但是水平井段也不是越长越好，因为水平段越长钻井难度越大，单井钻井投资越大，而且存在脆性页岩垮塌和破裂等复杂问题；同时由于井筒压差问题，水平段越长抽汲压力会越大，总体页岩气产量可能反而会降低，所以在进行钻井之前，需要合理设计水平段长度。根据第 4 章重庆涪陵页岩气单井的产量分布，最终可采储量主要为 1.03 亿～2.16 亿 m^3，可得到重庆涪陵页岩气单井产量水资源消耗量，并与美国几大页岩气产区进行比较，见表 4-4。从表 4-4 可以看出，虽然涪陵单井水资源消耗量是美国的 2～3 倍，但单位产量水资源消耗量相当，主要是因为重庆涪陵单井最终可采储量较高所致。

表 4-4 单位产量水资源消耗量

页岩气产区	单井最终采收量/$10^6 m^3$	单井平均水资源消耗量/m^3	单位产量水资源强度/（kg/m^3）
重庆涪陵	103～216	30 000	0.14～0.29
Barnett	39～84	10 000	0.12～0.26
Haynesville	98～180	14 000	0.08～0.14
Marcellus	39～150	15 000	0.10～0.38
Fayetteville	48～73	12 000	0.16～0.25

数据来源：美国单井最终采收量来自 Clark 等 2013，Life cycle water consumption for shale gas and conventional natural gas[J]. 单位产量水资源强度由本书测算。

4）单位能源水资源消耗量

与常规天然气、煤炭和石油等其他能源相比，页岩气是否属于高耗水行业，可通过计算页岩气单位能量水资源消耗量与其他能源进行比较。虽然页岩气开发单口井水资源消耗量巨大，但是页岩气单井最终可采储量却大于常规天然气。

通过重庆涪陵页岩气单井用水量和页岩气产量可计算涪陵页岩气井的单位能源水资源消耗量。其中，页岩气热值以 35 544 kJ/m³ 计算，则单位能源水资源消耗量为：28 000 m³×1 000（L/m³）/ [（1.03～2.16）×10^8 m³×0.97×35 544（kJ/m³）] = 3.760～7.885 L/GJ。不同类型单位能源水资源消耗量见表 4-5。

表 4-5　不同能源类型单位能源水资源消耗量

	重庆涪陵页岩气	页岩气	常规天然气	煤	石油
范围/（L/GJ）	3.76～7.885	4.31～120.65	0～12.93	6.46～86.18	33.61～323.18
平均值/（L/GJ）	5.82	30.16	7.76	34.04	143.06

数据来源：Kuwayama 等，2013。

从表 4-5 可以看出，重庆涪陵单位能源水资源消耗量较低，与常规天然气接近，低于煤炭和石油。

5）开发用水来源

页岩气开发用水主要是淡水，其主要来源于地表水和地下水，湿润地区大多取自地表水，而干旱地区在地表水有限情况下，更多只能取地下水（Nicot 和 Scanlon，2014）。例如，美国 Marcellus 页岩开发区处于湿润地区，其主要的水源是地表水，主要来自萨斯奎汉纳河和德拉瓦河，而美国 Eagle Ford 页岩开发区处于干旱地区，主要依靠地下水（Arthur 等，2010）。

为避免影响涪陵当地群众的生产生活用水，重庆涪陵示范区页岩气开发用水主要取自长江支流乌江。中石化重庆涪陵页岩气勘探开发有限公司与重庆涪陵白涛工业园区能通开发建设有限公司签订供水协议，由其通过管道将乌江水输送到开发工程所在地。根据资料，乌江年平均流量为 1 700 m³/s，历年最小流量为 128 m³/s，则年均流量为 536.1 亿 m³，最小流量为 40.4 亿 m³。页岩气开发占乌江水量比例见表 4-6。

6）开发用水占当地用水比例

在页岩气开发用水量占当地用水比例方面，2011 年美国 Oklahoma 水资源消耗量为 $16.3×10^6 m^3$，占当地用水总量小于 0.5%；Texas 水资源消耗量为 $100.2×10^6 m^3$，占当地用水总量约 0.5%（Nicot 和 Scanlon，2012）；Colorado 水资源消耗量为 $18.5×10^6 m^3$，占当地用水总量约 0.1%。

用水量的估算，一般采用平均单井用水量乘以年内计划钻井数，重庆涪陵单井新水消耗量为 28 000~30 000 m^3，2020 年涪陵计划钻井数 200 口，则新水耗总量为 0.056 亿~0.06 亿 m^3。依据 2014 年重庆涪陵供水量为 4.875 3 亿 m^3 计算，页岩气开发水资源消耗量占当地用水总量的 1.15%~1.23%，考虑单井按 3 次重复压裂，水耗占比也仅为 3.45%~3.69%，不会造成显著的额外供水压力。然而由于压裂用水通常集中于某一区域或某一时段，因此，某一区域或某一时段用水比例可能较高。乌江年均流量为 536.1 亿 m^3，最小流量为 40.4 亿 m^3，页岩气开发用水量占乌江水量比例见表 4-6。

表 4-6　页岩气开发用水占乌江水量比例

指标	比例
占乌江年平均流量	0.010~0.011
占乌江历年最小流量	0.138~0.148

从表 4-6 可以看出，页岩气开发用水占乌江水量的比例较低，基本不会对其他乌江用水造成影响。

从涪陵页岩气开发对水资源影响来看，涪陵页岩气单井水资源消耗量大，但页岩气开发水资源消耗总量占当地用水总量比例不大；虽涪陵页岩气单井水资源消耗量大于美国页岩气单井水资源消耗量，但两者单位产量水资源消耗量相当；从单位能源水资源消耗量来看，涪陵单位能源水资源消耗量较低，与常规天然气接近，低于煤炭和石油。

（2）页岩气开发水环境污染

1）页岩气开发对表水环境影响

涪陵页岩气开发废水主要包括钻井废水、洗井废水、压裂返排液、井场雨水和生活污水。

重庆涪陵页岩气开发采用"导管+三段式"钻井工艺，导管段、一开及二开直井段采用清水钻井工艺，二开斜段采用水基钻井液钻井工艺，三开采用油基钻井液钻井工艺。其中，一段导管段、一开及二开所产生的废水直接用于配制水基钻井液，钻井剩余的水基钻井液排入废水池暂存，经过沉淀处理后，上清液用于配制压裂液，剩余废钻井泥浆与钻井岩屑一起进行固化填埋。三开段剩余油基钻井液储存于储备罐中，用于下口井的钻井工程。冲洗井废水排入废水池，用于配制压裂液。产生的压裂返排液和产出水在平台配液罐和压裂水池暂存，最终用于其他平台压裂工序。需要特别说明的是，重庆涪陵页岩气田地质构造特殊，其压裂液的返排率较低，从重庆涪陵压裂的 160 多口井的返排量产生来看，平均返排量为 724.9 m^3，按压裂液用量 28 200 m^3 计算，平均返排比例约为 2.6%。井场内沿井口周边修建场内排水明沟，接入废水池；井场四周修建截排水沟，雨水就近排进附近溪沟。井场及生活区设置有旱厕，生活污水经旱厕收集处置不外排。

总体而言，重庆涪陵页岩气开发基本无废水外排，对地表水影响较小。

2）页岩气开发对地下水环境影响

页岩气开发对地下水环境的影响是人们特别关注的问题，也是应该重点分析的问题。

重庆涪陵页岩气开发示范区采用近平衡钻井技术钻井，此技术确保钻井液的压力大于钻井地层的压力，从而使地下水压力和水位保持原状。正常情况下，不会对地下水造成影响。但在非正常情况下，如钻井液压力小于地层压力，就会发生钻井溢流。在二维和三维地震勘探过程中的放炮会造成地下水的重新分配，可能会使溶洞水和井水干枯。

页岩气开发对地下水水质的影响主要包括两个方面：一是钻井液的漏失影响；二是压裂过程的影响。

① 钻井液的漏失影响。根据钻井工艺，结合地层分布，涪陵页岩气钻井导管段、一开段和二开直井段均使用纯清水钻井，导管段主要在嘉陵江组进行；一开段主要在嘉陵江组至飞仙关组；二开直井段主要在长兴组、龙潭组和茅口组；均采用近平衡技术钻井，钻井液均使用纯清水，无任何添加剂，对水质基本无影响。由于有供水意义的含水层主要在嘉陵江组，因此钻井漏失对居民饮

用水水源水质影响小。二开斜段使用水基钻井液钻井，主要钻井地层为栖霞组、黄龙组、龙马溪组等，主要为隔水层，地下水含量少且难以流动，对地下水质影响较小。三开段采用油基钻井液，三开属于水平井，全部在龙马溪组，该段地层含水量较少，为相对隔水层，此外为减少钻井液的漏失，在钻井液中添加了酸溶性暂堵剂、刚性堵漏剂、油基成膜剂，以提高钻井液的封堵性能，有利于进一步减轻钻井液漏失对地下水水质的影响。

②压裂过程的影响。压裂过程中会有部分压裂液滞留在龙马溪组地层中，但由于龙马溪组为相对隔水层，其上覆地层同样以页岩为主，同为相对隔水层，因此，压裂液始终在一个页岩圈内闭层内，不会向其他地层渗透，且龙马溪组在地下深度 2 000 m 以下，不会对浅层具有供水意义的嘉陵江组岩溶地下水造成影响。

此外，如果施工材料存储不到位，污水和废水储存设施破损，发生漏失会造成地表污染物入渗，对浅层地下水可能造成一定的污染。

3）涪陵区环保局地表水和地下水环境监测结果

涪陵区环保局根据页岩气开发污水排放位置和钻井平台分布情况，设置了 8 个监测断面来监测页岩气开发对地表水的影响，监测因子包括 pH、溶解氧、COD、氨氮、石油类和氯化物等 29 项。监测结果显示，各项监测指标在丰、枯水期均满足地表水水质标准，未对地表水环境产生明显影响。根据单因子综合评价，监测点指数范围为 0.19～0.3。

根据含水层区域周边出露井泉和溶洞出口地下水水质，设置 5 个监测点判断页岩气开发对地下水的影响情况，监测因子包括 pH、石油类、重金属、挥发性有机物和氰化物等 31 项，同样丰水期和枯水期均满足地下水水质标准，且 71% 以上满足 I 类水质标准、16% 以上满足 II 类水质标准、3% 以上满足III类水质标准，未对地下水产生明显影响。

4.3.3　页岩气开发对大气环境的影响

（1）大气污染源及处理方式

涪陵页岩气开发大气污染源主要包括施工扬尘、施工机具尾气污染、钻井工程和压裂测试燃油废气、测试放喷废气以及开采运输过程中的页岩气泄漏等。其中，施工扬尘主要集中在井场内及其周边，通过采取防尘洒水措施，可以得到有效控制，并随着施工结束而结束。施工机具尾气污染，污染物主要有一氧化碳和烃类，其排放量较小，对周边空气质量影响不大。钻井工程燃油和压裂测试燃油废气污染，其主要污染物为钻井作业期间柴油机和发电机组废气中的氮氧化物和二氧化硫及颗粒物，由于重庆涪陵页岩气示范区正在推广使用网电钻机替代柴油驱动钻机，将使得钻井工程燃油废气和压裂测试燃油废气逐步减少。测试放喷废气在经过燃烧后，废气主要为二氧化硫和二氧化碳，排放量较小。

总体来看，施工扬尘和施工机具尾气影响范围较小；钻井工程和压裂测试燃油废气将逐步减少，且排放量不大；测试放喷废气在经过燃烧后排放量较小。

（2）甲烷排放量

重庆涪陵页岩气区在完井阶段没有进行甲烷的排放量实测，因此本书根据相关文献资料结合实地调研进行重庆涪陵页岩气区甲烷排放量的测算。

完井过程甲烷排放，Clark 等（2011）研究显示，在页岩气开发过程中约有 1.19% 的甲烷泄漏，而通过对涪陵实地调研发现涪陵页岩气完井过程测试放喷含气返排液进行气液分离，分离后的气体进入管线，不能被捕获的部分气体进行充分燃烧。单井排放到空气中的甲烷量仅有几万立方米到几十万立方米，且都经过充分燃烧后再排放，相比页岩气单井最终产量而言，约为最终产量的 0.1%。集输损耗排放，在实际调研过程中，页岩气集输在当前远程监控系统下，发生管网压力异常情况可迅速关闭阀门，减少甲烷气体泄漏，涪陵页岩气开发甲烷的集输损耗率特别低，基本无损耗，本书按 0.1% 计。通过调研，甲烷的商品率约为 99%，且损耗的 1% 主要是用于加热炉加热使用。Howarth 等（2011）研究认为页岩气运输、存储及分配过程中甲烷排放损耗 1.4%，而余晨等（2014）认为页岩气运输、存储及分配过程中甲烷排放损耗为 0.79%，结合调研，本书选取余晨等的研究结果 0.79% 作为页岩气运输、存储及分配过程中甲烷排放损耗。

参考文献资料的研究结果及调研情况，本书得到页岩气开发利用过程中的甲烷排放见表 4-7。页岩气开发全生命周期，甲烷损耗按 0.99% 计，年产量按 100 亿 m^3 计，甲烷质量为 0.716 kg/m^3，按 100 年全球增温潜势折算，则 2020 年重庆涪陵甲烷排放量为 7.09 万 t，折算为二氧化碳当量为 177.25 万 t。

表 4-7 页岩气开发利用过程甲烷排放率

开发利用过程	页岩气甲烷泄漏率
完井过程	0.1%
集输损耗	0.1%
运输、存储及分配过程	0.79%
总计	0.99%

4.3.4 页岩气开发对其他方面的影响

（1）生态环境方面的影响

重庆涪陵页岩气示范区开采占地类型分为永久性占地和临时占地，永久性占地最终变为页岩气生产用地，临时占地在建设期内需对占用的土地进行青苗补偿，在工程建设结束后对占地进行复垦，尽量恢复土地原有的生产力。

通过调研发现页岩气开发在征地补偿方面存在两大问题：一是天然气管线占地复垦后，当地居民不能进行耕种；二是临时占地复垦复耕后，由于原来的土地受到永久性占地的分割，造成相对复垦复耕面积变小或耕地质量下降等问题。

（2）噪声污染

页岩气开发过程中的主要噪声污染包括两部分：一是钻井工程过程的噪声；二是压裂试气过程的噪声。钻井过程中的噪声主要来源于柴油动力机、发电机、钻井设备、泥浆泵和振动筛等设备；压裂试气过程中的噪声主要来源于压裂机组等设备。钻井过程噪声源强为 85～100 dB，压裂过程噪声源强为 100 dB。与美国和加拿大不同，涪陵页岩气开发分布在人口稠密和农田地区，页岩气开发钻井过程中的噪声给附近居民带来了一定的影响。

（3）页岩气开发的热辐射影响

在放喷池点火燃烧天然气时可能对周围环境产生热辐射影响。调研资料显示，工程测试放喷点火燃烧产生的热辐射致死半径为 10.81 m，而伤害半径为 19.63 m。涪陵示范区在热辐射伤害半径内无居民点，且在进行天然气放喷测试时，中石化重庆涪陵页岩气勘探开发有限公司在井场周边设置警戒线，严防相关人员靠近，因此放喷天然气燃烧热辐射不会对周边居民造成影响。

总体来看，涪陵示范区页岩气开采环境影响主要体现在地下水、甲烷泄漏和噪声等方面，但通过一系列的环保措施，可以在很大程度上减少影响。

4.4 涪陵页岩气开发采取的环境保护措施及存在的问题

页岩气开发存在一定的环境影响和潜在的环境风险，重庆市及涪陵区有关部门和中石化重庆涪陵页岩气勘探开发有限公司从一开始就非常重视环境保护。中石化重庆涪陵页岩气勘探开发有限公司坚持资源开发与生态环境保护并重，全力推进重庆涪陵页岩气田安全、高效、绿色开发。

4.4.1 涪陵页岩气开发采取的环境污染源头预防措施

（1）构建了较为完善的环境管理制度体系

一是成立领导小组和组织机构，明确环保责任。成立了健康和环境（HSE）协调委员会和管理委员会，落实企业负责人环保责任制，细化分解了从执行董事、总经理、分管安全环保副经理、主管部门、全体员工到工区内各参战单位的环保管理责任，明确钻井、试气、采气、地面4个工程项目部分别负责分管专业的环境管理工作；加强井控安全环保监管，及时协调和解决现场问题。细化甲乙双方环保责任，重点抓好环保技术规范和现场操作，全面落实监管主体。对各施工队伍，按照"谁污染谁负责、谁污染谁治理"的原则进行考核。

二是制定企业环境管理规章制度。中石化重庆涪陵页岩气勘探开发有限公司2014年8月30日发布并实施质量健康和环境（QHSE）管理体系，系统整合质量、健康、安全、环境管理模式。相继出台环境保护禁令、突发事件应急预案、环境保护管理办法、环境监测管理规定、工业废水管理规定、环境保护处罚规定、项目HSE风险金考核管理办法等10项环境保护管理制度。先后发布国内首套页岩气勘探开发井控实施细则、陆地"井工厂"钻井作业规范、页岩气压裂试气作业指导书，参与制订27项行业标准，完成制订6项一级企业标准，制订并发布百余项局级企业标准和规范，为国内页岩气产业形成了一套较为完善的制度规范。

三是建立环境应急体系。与涪陵区政府联合成立"涪陵区页岩气开发安全保卫工作委员会"，注重与地方公安、消防、卫生、环境监测等部门和工区各施工单位的合作，建立自上而下、纵横贯通的应急组织网络。针对井喷失控、危险化学品事件、火灾爆炸、天然气管道泄漏、破坏性地震、洪汛灾害、气象灾害等可能发生的环境事件，制定《中石化重庆涪陵页岩气勘探开发有限公司环境事件应急预案》，加强员工队伍培训，定期召开应急演习，确保一旦发生环境风险能做到正确处置。

四是建立环境监管体系。实行企业自主监管、第三方监管、政府监管、社会监督同步运行机制。尤其值得一提的是，工程监理和环境监理双管齐下，首次在国内气田开发中引入第三方环境监理单位，监督环评中各项环保措施的实施情况。

（2）积极研发与应用绿色开发技术，发展循环经济

坚持减量化、再利用、资源化原则，发展循环经济。通过改进优化设计、使用清洁能源和原料、采用先进工艺技术与设备、改善管理、综合利用等措施，从源头削减或避免污染物的产生，促进节能、降耗、减污、增效。

采取"井工厂"丛式钻井模式。与常规钻井模式相比，节约占地，缩短钻井、压裂施工周期，还可循环利用钻井液，减少使用和集中回收处理压裂液，降低钻井成本。

采取多项水污染防控技术。一是确定井位前，对地下 100 m 内暗河、溶洞的分布情况进行水文勘探，优选井位；二是在浅层环境水体所处地层钻进过程中，一律采用清水钻进；三是采用自主开发的清洁压裂液，包括低分子稠化剂、高效减阻剂和消泡剂，不含重金属或高危物质。

总之，通过积极研发及应用绿色开发技术，降低了涪陵页岩气开发对环境带来的影响。

4.4.2 涪陵页岩气开发采取的环境污染处理措施

（1）加强废水处理及循环利用

水污染源头预防的技术在上文已经论述，此处重点分析页岩气开发的废水处理及循环利用。页岩气开发的废水主要包括钻井过程、试气过程和采气过程的生产废水，以及厂区、各施工平台的生活污水。

钻井过程废水处理及循环利用。钻井过程的生产废水主要包括钻井施工废水、设备冲洗废水。对钻井施工废水和设备冲洗废水，经场内排污沟汇集进入钢筋混

凝土废水池储存，经絮凝沉淀处理后配制压裂液，进行循环利用。

试气过程废水处理及循环利用。试气过程产生的废水主要是压裂返排液。这部分废水，返排至压裂池暂存，经处理后再次用于配制压裂液，供其他压裂平台使用。在压裂原液配制及返排液储存、转运、回用过程中均严格执行管理台账和转运联单制度，防止压裂液和返排液泄漏进入外部环境。

采气过程废水处理及循环利用。采气过程产生的废水主要是集气站和脱水站在页岩气液分离过程中产生的分离水，俗称采气产出水。在页岩气田开发前期，采气产出水经收集后储存于污水罐或废水池中，经处理后，采用罐车运送至工区内需要压裂的井场用于配制压裂液。在转运过程中严格执行转运联单制度，对采气产出水的产生、转运和回用实行全过程监管。在页岩气田开发后期，采气产出水循环利用量有限，将建设专门的污水处理厂进行处理。

生活污水处理及回用。在厂区和各施工平台设置生活污水收集池，经处理达标后，能够用于农灌的，就地农灌；不能就地处理的，运输至地方污水处理厂处理。

重庆涪陵页岩气田开发水循环利用情况见图4-1。

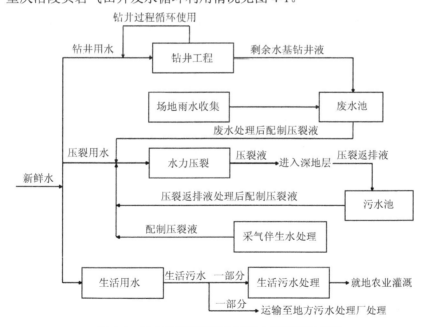

图 4-1　重庆涪陵页岩气田开发水循环利用情况

（2）加强大气污染治理

页岩气开发的大气污染主要来自甲烷逸散、柴油机组排放的废气。

在钻井过程中，为防止甲烷逸散，在井口配备气液分离装置，将地层分离出来的气体收集后输送至放喷池点燃。在放喷燃烧时，废气经排气筒高度为 1 m 的对空短火焰燃烧器点火燃烧后排放，经监测分析，达到排放标准。

此外，由于开采初期没有网电，各平台作业采取柴油机组发电，排放的废气包括二氧化硫、氮氧化物和烟尘等污染物，随着配套供电工程的建设，目前大部分区域已实现了网电覆盖，柴油发电机仅作为备用电源，这部分废气污染会降低。

（3）加强固体废物处置

页岩气开发产生的固体废物包括：钻井过程产生的清水钻屑、水基钻屑、废弃水基泥浆、油基钻屑、化工料桶和生活垃圾；试气过程产生的生活垃圾和化工料桶；采气过程产生的清管废物和生活垃圾。

油基钻屑属于危险废物，按照危险废物管理要求执行，坚持"不落地、无害化处理"原则，从收集、转运、存放到无害化处理的全过程实施监管。

清水钻屑、水基钻屑属于一般固体废物，在废水池内进行固化处理后填埋。

重庆涪陵页岩气田开发固体废物分类处置情况见图4-2。

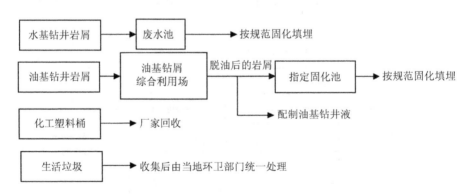

图4-2　重庆涪陵页岩气田开发固体废物分类处置情况

（4）加强噪声污染防治

页岩气开发的噪声污染主要来自钻前过程的间歇性机械噪声，钻井时柴油动力机、发电机、钻井设备、振动筛等产生的连续性噪声，试气过程的压裂泵组噪声、测试放喷气流噪声，采气过程集气站、脱水站的阀门、过滤器、调压器噪声。

采取的噪声污染防治措施主要包括：严格控制钻前土方施工时间和试气压裂求产时间，晚上 10 点至第二天早上 6 点禁止动用高噪声机具作业。加装减震基座，有效控制噪声；推广网电钻机，有效控制噪声。

（5）加强生态保护

页岩气开发过程中产生的生态环境影响主要是占用土地、挖损、机械碾压等改变地表形态，从而破坏地表植被，造成水土流失，改变土壤理化性质。涪陵页岩气田采取的生态保护措施主要包括：设计方案中，尽量避开生态环境敏感区域；施工过程中，尽量减少植被破坏；施工结束后，进行植被恢复、水土保持、土地复耕。通过采取上述措施，涪陵页岩气田开发尽量降低对环境的影响，截至目前，取得了较好成效。涪陵页岩气田设立了 78 个常态化环境监测点，各类监测数据显示未对区域地表水、地下水、环境空气质量、土壤环境、生态环境质量产生明显不良影响，区域环境质量基本稳定，但对区域内的生态环境影响，尤其是对地下水生态环境的影响，需要进行长期监测跟踪才能评判。

涪陵页岩气田从开采之初就十分重视环境保护问题，建立了一套较为完善的企业环境管理制度体系，积极开发与应用绿色技术，大力发展循环经济，加强废水、废气、固体废物、噪声污染防治，注重生态保护和修复，尽量减少页岩气开发利用对环境及周边居民生产生活造成的影响。研究表明，目前涪陵页岩气田开发区域的环境质量基本稳定，环境风险可控，外部环境效益大于外部环境成本，但仍存在一些问题有待解决，下一步重点要加强绿色技术创新，完善页岩气开发利用的环境政策、标准、技术规范，控制环境风险。

4.4.3 涪陵页岩气开发在环境污染防治方面存在的问题

（1）在污染防治方面还存在一些问题

涪陵页岩气田开发在钻井液漏失、采气产出水处理、油基钻屑无害化处置方面还存在问题。一是钻井液漏失控制难度大。涪陵页岩气田的有利开发区域地质条件复杂，地下暗河、溶洞较多，易发生钻井液漏失，但目前国内外钻井技术均无法完全控制钻井液的漏失。二是采气产出水处理难度大。在页岩气田开发后期，采气产出水循环利用量有限，需建设废水处理厂进行处理，但采气产出水成分复杂,氯离子浓度高,增加了处理难度和成本。三是涪陵页岩气田油基钻屑处置技术以热解工艺为主,但该技术在废气、废水收集处置系统方面还需进一步优化改进。目前涪陵页岩气田油基钻屑以无害化处置和填埋为主,下一步将研究资源化利用的可行路径,如生产铺地砖等,以减少土地占用。

(2)缺乏页岩气开发环境保护相关标准及技术规范

目前,中石化重庆涪陵页岩气勘探开发有限公司内部制定了页岩气开发相关环境管理规章制度,在相关部门和企业的共同努力下,探索形成了一些行业技术标准和规范,需要进一步上升到国家层面出台行业技术标准和规范,此外还缺乏有针对性的压裂液污染控制、钻屑综合利用污染控制、页岩气采出水污染控制等相关标准和技术规范。

4.5 涪陵页岩气开发环境成本效益分析

从环境角度看页岩气开发项目是否可行,主要从两个方面考虑:一是环境风险是否可控;二是环境外部效益是否大于环境外部成本。

本节将从两个层次分析环境成本效益,一是分析企业的环境内部成本效益;二是分析环境外部成本效益。分析企业的环境内部成本效益是为了评判环境效益系数,为企业环保支出成本与效益提供依据,以及评判企业在页岩气开发方面的环保投入占页岩气开发成本的比例,为国家制定有关政策提供依据;分析环境外部成本效益是为了评判涪陵页岩气开发利用造成的环境损失,与页岩气开发利用的环境外部效益相比较,有助于评价页岩气开发利用项目的可行性。

4.5.1 环境内部成本效益分析

(1)环境内部成本分析

环境内部成本已在前文分析过,是公司在预防、治理污染和采取生态保护措施有关的所有工程费用的总和。涪陵页岩气开发主要环境内部成本包括钻井废水处理和利用、压裂返排液无害化治理、生活污水处理、生活垃圾处理、减震隔声降噪等降低噪声污染的措施、普通钻井岩屑及沉淀污泥处置、油基岩屑处理、生态恢复和环境风险防范等的费用,具体环境内部成本方面,页岩气单井开发环境成本一般投资合计 134.3 万元，包括钻井废水处理及利用 22 万元、压裂返排液无害化治理 15 万元，生活污水处理 3 万元，减震、隔声、降噪和功能置换措施 10 万元，普通钻井岩屑及沉淀泥处置、油基岩屑处理 60 万元，生活垃圾处理 0.3 万元，生态恢复 12 万元，环境风险防范 12 万元。

根据环境内部成本表可知，重庆涪陵单井的环境内部成本为 134.3 万元。环保投资比例系数为企业环境保护措施成本占页岩气总开发成本的百分比，涪陵页岩气开发成本为 7 000 万元，可知环保支出占开发成本的比例是 1.91%，环保投资是否合理还需进一步研究。根据重庆涪陵 2020 年计划开发 200 口井测算，可知企业环境内部成本约 2.68 亿元。

（2）环境内部效益分析

环境内部效益是指企业采取相关环保措施，减少资源能源消耗、循环利用废弃物带来的效益。结合重庆涪陵单井污染物处理量、污染物成分和排污费标准，按照《2014 年关于调整排污费征收标准等有关问题最新通知》中的规定，可计算得到各部分的环境内部效益，见表 4-8。

表 4-8　重庆涪陵页岩气单井环境内部效益　　　　　　　　　　单位：万元

序号	项目	环境内部效益
1	钻井废水	94.5
2	钻井岩屑	95
3	废油等	30
4	生活污水	0.89
5	生活垃圾	1.0
合计		221.39

资料来源：根据到重庆调研提供的相关资料整理。

由表 4-8 可知，涪陵单井环境内部效益是 221.39 万元。通过计算单井环境内部效益与单井环境内部成本的比例，可得到环境效益系数，计算可知环境效益系数为 1.65，即每投入 1 万元的环境保护相关费用可直接得到内部环境效益 1.65 万元。同样根据重庆涪陵 2020 年计划开发 200 口井测算，可知企业环境内部效益约为 4.42 亿元。因此，涪陵页岩气开发环境内部效益高于环境内部成本，环境内部效益是环境内部成本的 1.65 倍。

4.5.2 环境外部成本效益分析

（1）环境外部成本分析

重庆涪陵页岩气田开发利用造成的外部环境成本主要来自开发环节。开发环节的外部环境成本主要包括耕地占用成本、道路和景观破坏成本、水资源分布改变带来的生产生活损失成本、水资源耗费成本、地下水污染成本、地表水污染排放成本、噪声污染成本、甲烷泄漏成本以及环境污染带来的人体健康损失等。

其中，耕地占用成本包括永久耕地占用成本和临时耕地占用成本，这部分都对占地农民进行了补偿，临时占地在退出时也进行了复垦，不再计算外部成本。

道路和景观破坏成本，在开发中和开发后都已进行修复，外部成本可不再计算。

水资源分布改变带来的生产生活损失成本，一部分已补偿给居民，其余的诸如对农业生产的影响、对别的企业的影响目前还不明显，外部成本可不再计算。

水资源耗费成本，已经以水资源费的形式包含在开发成本中，外部成本可不再计算。

地下水污染成本，因为污染难以衡量，需要长期监测，目前地下水环境质量无明显改变，难以估算。

地表水污染排放成本，目前废水不外排循环利用，可不再计算外部成本。

噪声污染成本，已补偿给居民，外部环境成本不再计算。

其他外部成本，对人体健康的影响等目前还难以定量。

因此，本书主要测算了页岩气开发甲烷泄漏成本。前文已测算页岩气开发甲烷泄漏排放为 7.09 万 t，参考相关文献中我国污染物排放收费标准，甲烷的环境价值为 483 元/t（郭瑞等，2016），则甲烷泄漏外部成本为 0.34 亿元，即总外部环境成本约为 0.34 亿元。

（2）环境外部效益分析

页岩气开发利用的环境外部效益主要是指与煤炭、石油等其他化石能源相比，在减少二氧化碳、氮氧化物、二氧化硫等排放物方面带来的相对效益。

到 2020 年，按涪陵年产页岩气 100 亿 m^3 计算，假设有 60% 的页岩气用于替代散煤燃烧，可替代终端消费散烧煤炭 $0.1×10^8t$，可实现减排二氧化碳 1 738.16 万 t、二氧化硫 8.78 万 t、氮氧化物 1.65 万 t、烟尘 16.79 万 t。根据相关排污权价格，可得到环境外部效益为 38.19 亿元。页岩气环境外部效益见表 4-9。

表 4-9 页岩气环境外部效益

污染物	减排量/万 t	排污权价格/（元/t）	收益/亿元
二氧化碳	1 738.16	68.42	11.89
二氧化硫	8.78	17 000	14.93
氮氧化物	1.65	18 000	2.97
烟尘	16.79	5 000	8.40

资料来源：排污权价格来自余国合和吴巧生，《中国页岩气开发利用环境效益评估》。

通过对重庆涪陵页岩气开发的环境外部成本和环境外部效益分析可知，环境外部成本为 0.34 亿元，环境外部效益为 38.19 亿元，环境外部效益远大于环境外部成本。2020 年重庆涪陵页岩气开发环境成本效益见表 4-10。

表 4-10 2020 年重庆涪陵页岩气开发环境成本效益　　　　　　单位：亿元

环境内外部成本效益类型	成本效益
环境内部成本	2.68
环境内部效益	4.42
环境外部成本	0.34
环境外部效益	38.19

页岩气开发对重庆经济
社会环境影响研究 第5章

重庆页岩气资源丰富，被原国土资源部列为国内第一批页岩气开采的试点城市。早在 2012 年，重庆就提出要大规模发展页岩气，重庆市页岩气产业发展规划提出将重庆建成全国页岩气勘探开发、综合利用、装备制造和生态环境保护综合示范区，国家级页岩气开发利用综合示范区。随着重庆页岩气的大规模开发利用，页岩气开发将对重庆经济社会环境产生重要影响，综合评估页岩气开发对重庆经济社会环境的影响，有助于完善有关政策，推动我国页岩气产业持续健康发展。

5.1 重庆页岩气资源潜力与勘探开发进展

（1）重庆页岩气资源潜力与分布

重庆页岩气资源丰富，根据资源评价结果，重庆页岩气地质资源储量为 12.75 万亿 m^3，约占全国地质资源储量的 9.49%，继四川、新疆之后，位列全国第三位（我国页岩气地质资源量分布排在前十的省、自治区、直辖市情况见表 5-1）；可采资源潜力为 2.05 万亿 m^3，约占全国可采资源潜力的 8.17%。

表 5-1　我国页岩气地质资源量前十的省份　　　　　　　单位：$10^{12}m^3$

地质资源量排名	省（自治区、直辖市）	地质资源量
1	四川	27.50
2	新疆	16.01
3	重庆	12.75
4	贵州	10.48
5	湖北	9.48

地质资源量排名	省（自治区、直辖市）	地质资源量
6	湖南	9.19
7	陕西	7.17
8	广西	5.61
9	江苏	5.33
10	河南	3.71

资料来源：国土资源部油气资源战略研究中心，2012。

依据原国土资源部的划分，重庆页岩气资源区位于上扬子及滇黔桂分布区，属于海相页岩。重庆页岩气主要分布在渝东南、渝东北、渝西和渝南，总面积约 4.6 万 km²。重庆地区 17 个页岩气勘探开发重点区块分布见表 5-2。

表 5-2　重庆页岩气勘探开发重点区块分布

分布区域	重点区块数量	重点区块分布
渝东南	7	涪陵、黔江、酉阳东、秀山、彭水、湘鄂西Ⅰ、湘鄂西Ⅱ
渝东北	3	忠县—丰都、宣汉—巫溪、城口
渝西	3	璧山—合江、大足—自贡、安岳—潼南
渝南	4	綦江、綦江南、南川、泸县—长宁

资料来源：闫力源，等，重庆页岩气潜在开发区环境特征及保护建议[J]. 环境影响评价，2015, 37（6）：74-78.

（2）重庆页岩气勘探开发进展

重庆页岩气资源丰富，商业条件好，发展前景广阔。重庆市政府高度重视页岩气的开发，为充分发挥页岩气资源及勘探开发优势、推动页岩气产业持续健康发展，制定了页岩气产业"十三五"规划。

在勘探开发进展方面，除中石化重庆涪陵页岩气勘探开发有限公司在涪陵区块一期涪陵区域的钻探外，其他钻探活动正转移到涪陵区块二期南川、丰都、武隆等周边区县，整个页岩气的开发在重庆地区全面展开。根据页岩气产业"十三五"规划，一方面，重庆将加大涪陵、彭水、宣汉—巫溪和忠县—丰都等重点区块的页岩气勘探开发力度，2020 年实现产能 240 亿 m³、产量 165 亿 m³；另一方面，重庆将加快綦江—綦江南、荣昌—永川、渝西、酉阳、黔江、城口、秀山等有利区块勘探开发进程，2020年实现产能60亿m³。"十三五"期间重庆市页岩气勘探开发重点项目见表5-3。

表5-3 　"十三五"期间重庆市页岩气勘探开发重点项目

页岩气开发区	投产井/口
涪陵	200
宣汉—巫溪	67
忠县—丰都	49
彭水	150
綦江	25～35
荣昌—永川	25～35

资料来源：《重庆市页岩气产业发展规划（2015—2020年）》。

在投资开发方面，重庆将推进勘探开发、管网建设、综合利用和装备制造全产业链集群式发展。到2020年，累计投资1 654亿元，其中勘探开发累计投资1 200亿元、管网建设累计投资47亿元、综合利用累计投资289亿元、装备制造累计投资118亿元。

5.2 　页岩气开发对重庆经济社会影响分析

前文已述，当前国外评估页岩气开发对地区经济社会影响的方法主要包括投入产出模型、倍差法和合成控制法三种。结合重庆页岩气项目开发的特点，页岩气开发初级阶段带来的综合效益明显，而环境污染等外溢影响较小，本书认为适合采用投入产出模型对重庆进行经济社会影响评估与预测，而倍差法和合成控制法适用于页岩气开发已产生较为明显影响地区的经济社会分析。

本节首先以2012年重庆投入产出表为基础，采用RAS法（又名双比例平衡法或双比例尺度法，biproportional scaling method）将投入产出表更新到含有页岩气产业的2015年重庆投入产出表；其次进行2015年重庆投入产出表中天然气产业和页岩气产业的拆分；再次在投入产出表的基础上建立投入产出测算模型；最后根据投入产出测算模型测算页岩气开发对重庆经济总产出、增加值、税收和就业等的影响，并分析重庆页岩气产业的关联效应和波及效应。

5.2.1　采用 RAS 法更新投入产出表

2012 年，重庆投入产出表中尚未纳入页岩气产业相关统计。若采用 2012 年重庆投入产出模型测算页岩气开发对重庆经济社会的影响，将可能导致分析结果出现偏差。

在我国，基准投入产出表是每 5 年编制一次，一般逢尾数是 2 和 7 的年份编制基准表，如 2012 年和 2017 年，而逢尾数是 0 和 5 的年份编制基准表的延长表，如 2010 年和 2015 年。一般情况下，基准投入产出表公布年份距编表年至少会有 2～3 年的时间，对于经济结构变化剧烈的转型经济体来说，较长的编表周期带来的投入产出表数年滞后，可能会导致分析结果严重偏差。为了缩短编表时间，本书采用能以较快速度、较小成本完成编表工作且精度损失不大的非调查方法对重庆投入产出表进行更新。

本书以《2012 年重庆投入产出表》为基本数据来源，以《2015 年重庆统计年鉴》和《2015 年重庆国民经济与社会发展统计公报》所提供的数据为补充，采用 RAS 法对投入产出表进行更新。RAS 法是英国著名经济学家斯通等在 20 世纪 60 年代最早提出的，经过 50 余年的发展，在实际应用中不断得到改进，目前已有十分广泛的应用。

本书以 2012 年作为基准年，以 2015 年作为目标年。第一，获取 2015 年重庆投入产出表的控制量，包括 2015 年各部门的总产出、各部门中间投入合计和各部门中间使用合计。第二，利用 2012 年中间投入矩阵与总产出的数据，计算直接消耗系数，将最开始得到的控制量列于直接消耗系数矩阵的右侧。第三，用 2015 年的总产出乘以 2012 年的直接消耗系数矩阵，得到一个中间投入矩阵。第四，计算中间投入矩阵的行和，并与控制量进行对比，计算两者的比例。第五，进一步计算列和，与控制量进行对比，计算两者的比例，控制量仍为分子，列和为分母。第六，将中间投入矩阵按列乘以相应比例，得到一个新矩阵，此时会发现满足列约束，但行和又不相等了，因此重复上面的步骤，进入迭代程序，直到行比例和列比例都非常接近于 1，同时满足了行约束和列约束。

运用 RAS 法，本书得到 2015 年的重庆投入产出表。

5.2.2　天然气与页岩气产业拆分

更新的 2015 年投入产出表中，页岩气产业部门是包含在石油和天然气开采产品部门中的，重庆不出产石油，因此，仅需要拆分开采方式不同、成本结构各异的常规天然气与页岩气。目前，已知天然气和页岩气产量、天然气和页岩气（成本价格）井口价格，2015 年重庆天然气产量 69.31 亿 m³，页岩气产量 33.97 亿 m³，天然气井口价格按 0.6 元/m³ 计算，页岩气价格按 1.35 元/m³ 计算。根据 2015 年重庆天然气和页岩气的产量和价格，可分别得到天然气和页岩气的产出，根据 2012 年天然气投入产出结构，结合页岩气投入产出的调研，本书最终得到拆分后的含页岩气产业的重庆 43 个部门的投入产出表。2015 年含有页岩气产业的重庆投入产出表见附录（见文后）。

5.2.3　投入产出模型建立

国内生产总值按照支出法核算主要由居民消费、政府消费、固定资本形成总额、存货增加、净出口构成，其中固定资本形成总额是最终需求的主要组成部分，是国民经济持续、稳定、快速增长的关键因素，是促进社会经济增长的重要动力。当政府实施扩张性的财政政策、增加固定资产投资时，就会直接带动建筑业、工业投资品部门等的发展，并通过产业之间的波及带动作用，拉动其他相关部门生产规模的扩大和 GDP 的增长。

根据《重庆市页岩气产业发展规划（2015—2020 年）》，在页岩气开发投资方面，到 2020 年，重庆页岩气勘探开发将累计投资 1 654 亿元，其中勘探开发累计投资 1 200 亿元、管网建设累计投资 47 亿元、页岩气综合利用累计投资 289 亿元、装备制造累计投资 118 亿元。根据重庆页岩气产业的投资额，再利用重庆调研页岩气开发成本相关投入产出调查表，得到重庆页岩气开发全社会各部门的固定资本形成。

在包含有页岩气的 2015 年重庆投入产出表中，首先求出 43 个部门的直接消耗系数 A，其次在直接消耗系数的基础上得到列昂惕夫逆矩阵 $(I-A)^{-1}$，最后根据投入产出模型公式，得出各部门产出。

$$X = (I-A)^{-1}Y \qquad\qquad (5\text{-}1)$$

式中，X 为重庆各行业的产出；$(I-A)^{-1}$ 为列昂惕夫逆矩阵；Y 为需求列向量。

页岩气开发能产生直接经济效应、间接经济效应和引致经济效应，其中直接经济效应是指页岩气产业发展的直接投入；间接经济效应是指该投入带动重庆其他行业的产出相应增加；引致经济效应是指重庆所有行业生产扩大后，带来居民收入的增加、消费的扩大，这部分消费增量还会进一步刺激全行业生产增长。

直接经济效应和间接经济效应采用投入产出模型测算，引致经济效应采用投入产出局部闭模型进行测算。

本书将固定资本形成作为需求而通过投入产出模型测算的产出作为直接产出和间接产出的和，而引致产出则由劳动报酬中的居民消费作为需求而通过投入产出模型测算得出。各增加值、税收和就业则通过各行业产出与各行业增加值率系数、各行业税收系数和各行业就业系数相乘得到，其中重庆各行业就业人数来自课题组资料归纳总结。

根据各行业相关性，本书将 43 个行业部门进行了合并，最终得到 20 个行业部门。例如，将煤炭采选产业、石油和天然气开采产业和金属矿采选产业等采选合并为采矿业；将通用设备、专用设备和交通运输设备等设备制造合并为设备制造业；将化学产品和非金属矿物制品等非设备制造业合并为其他制造业；将电力、热力的生产和供应、燃气生产和供应、水的生产和供应合并为公用事业等。通过模型测算了页岩气开发带来的行业总产出、直接产出、间接产出和引致产出；总增加值、直接增加值、间接增加值和引致增加值；总税收、直接税收、间接税收和引致税收；总就业人数、直接就业人数、间接就业人数和引致就业人数。

5.2.4 页岩气开发经济社会影响测算

（1）页岩气开发产出的测算

通过投入产出模型测算得到的行业总产出、直接产出、间接产出和引致产出见图 5-1。由模型测算结果可知，到 2020 年重庆页岩气产业发展累计带来的经济总产出是 6 357.3 亿元，根据重庆累计投资 1 654 亿元测算，即重庆每 1 元的固定投资，带来的总产出是 3.84 元。其中，直接经济产出 1 654 亿元、间接经济产出和引致经济产出分别是 3 143.2 亿元和 1 560 亿元。

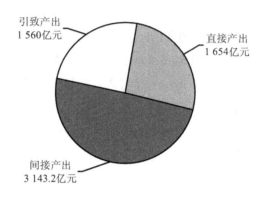

图 5-1 重庆页岩气开发产出

分行业产出见表 5-4。从分行业来看，总产出排在前五位的是其他制造、采矿、建筑、设备制造、批发和零售，分别占总产出的 28.60%、12.63%、11.84%、11.18% 和 6.38%；直接产出排在前三位的是建筑、采矿、批发和零售，分别占总直接产出的 43.55%、28.32% 和 13.90%；间接产出排在前三位是其他制造、设备制造和公用事业，分别占总间接产出的 40.85%、14.64% 和 9.39%；引致产出排在前三位的是其他制造、设备制造、农林牧渔产品和服务，分别占总引致产出的 33.54%、12.98% 和 9.24%。

表 5-4 重庆页岩气开发分行业产出 单位：亿元

行业	直接产出	间接产出	引致产出	总产出
农林牧渔产品和服务	4.8	33.0	144.2	182.0
采矿	468.4	279.9	54.5	802.9
设备制造	47.9	460.1	202.5	710.5
其他制造	10.9	1 283.9	523.3	1 818.2
公用事业	5.6	295.1	89.3	390.0
建筑	720.3	22.2	10.3	752.8
批发和零售	229.9	81.5	94.0	405.4
交通运输、仓储和邮政	37.4	194.8	60.8	292.9
住宿和餐饮	0.7	52.1	59.0	111.8

行业	直接产出	间接产出	引致产出	总产出
信息传输、软件和信息技术服务	6.2	45.9	33.1	85.2
金融	0.6	191.9	91.1	283.5
房地产	39.2	43.4	44.1	126.7
租赁和商务服务	0.6	82.5	39.7	122.8
科学研究和技术服务	68.2	39.1	4.3	111.7
水利、环境和公共设施管理	9.5	1.7	5.6	16.9
居民服务、修理和其他服务	0.4	16.5	18.1	35.0
教育	1.3	6.5	24.3	32.0
卫生和社会工作	1.3	0.0	43.3	44.6
文化、体育和娱乐	0.6	12.1	10.0	22.7
公共管理、社会保障和社会组织	0.3	0.9	8.5	9.7
总计	1 654.0	3 143.2	1 560.0	6 357.3

（2）页岩气开发增加值的测算

由模型测算结果可知，到 2020 年重庆页岩气开发累计总增加值为 2 294.1 亿元，其中直接增加值 633 亿元，间接增加值和引致增加值分别为 1 021 亿元和 640.1 亿元（图 5-2）。

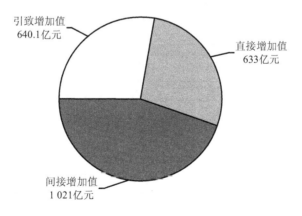

图 5-2　重庆页岩气开发增加值

分行业增加值见表 5-5。从分行业增加值来看，总增加值排在前五位的是其他制造、采矿、批发和零售、金融和建筑，分别占总增加值的 16.56%、14.30%、13.22%、8.30%和7.31%；直接增加值排在前三位的是采矿、批发和零售、建筑，分别占总直接增加值的 30.33%、27.16%和 25.32%；间接增加值排在前三位的是其他制造、金融和采矿，分别占总间接增加值的 24.68%、12.62%和 11.08%；引致增加值排在前三位的是其他制造、农林牧渔产品和服务、批发和零售，分别占总引致增加值的 19.56%、15.15%和10.98%。

表 5-5 重庆页岩气开发分行业增加值　　　　　单位：亿元

行业	直接增加值	间接增加值	引致增加值	总增加值
农林牧渔产品和服务	3.2	22.2	97.0	122.4
采矿	192.0	113.1	23.1	328.1
设备制造	9.1	80.7	28.1	118.0
其他制造	2.8	252.0	125.2	380.0
公用事业	1.8	102.3	31.4	135.5
建筑	160.3	4.9	2.3	167.6
批发和零售	171.9	61.0	70.3	303.2
交通运输、仓储和邮政	18.4	95.7	29.9	144.0
住宿和餐饮	0.3	23.9	27.1	51.3
信息传输、软件和信息技术服务	3.4	25.3	18.2	46.9
金融	0.4	128.8	61.1	190.3
房地产	35.1	38.9	39.5	113.5
租赁和商务服务	0.2	34.4	16.6	51.3
科学研究和技术服务	24.7	14.2	1.6	40.5
水利、环境和公共设施管理	6.8	1.2	4.0	12.0
居民服务、修理和其他服务	0.2	9.7	10.7	20.6
教育	1.0	5.2	19.5	25.7
卫生和社会工作	0.7	0.0	23.5	24.2
文化、体育和娱乐	0.3	6.9	5.7	12.8
公共管理、社会保障和社会组织	0.2	0.6	5.6	6.4
总计	633.0	1 021.0	640.1	2 294.1

（3）页岩气开发税收贡献的测算

由模型测算结果可知，到 2020 年重庆页岩气开发累计总税收收入为 341.4

亿元，其中直接税收收入 96.2 亿元、间接税收收入和引致税收收入分别为 157.7
亿元和 87.5 亿元（图 5-3）。

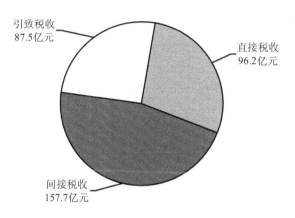

引致税收
87.5亿元

直接税收
96.2亿元

间接税收
157.7亿元

图 5-3　重庆页岩气开发税收收入

分行业税收收入见表 5-6。分行业来看，总税收收入排在前五位的是批发和
零售、其他制造、采矿、金融和房地产，分别占总税收收入的 22.88%、19.68%、
11.28%、8.58% 和 7.76%；直接税收收入排在前三位的是批发和零售、建筑和采矿，
分别占 46.05%、23.80% 和 14.35%；间接税收收入排在前三位的是其他制造、采
矿和金融，分别占 25.68%、13.19% 和 12.56%；引致税收收入排在前三位的是其
他制造、批发和零售、金融，分别占 29.49%、20.69% 和 10.74%。

表 5-6　重庆页岩气开发分行业税收收入　　　　　　　　　　单位：亿元

行业	直接税收收入	间接税收收入	引致税收收入	总税收收入
农林牧渔产品和服务	0	0.1	0.4	0.5
采矿	13.8	20.8	3.9	38.5
设备制造	1.7	14.5	4.9	21.1
其他制造	0.9	40.5	25.8	67.2
公用事业	0.3	15.4	4.6	20.3
建筑	22.9	0.7	0.3	23.9
批发和零售	44.3	15.7	18.1	78.1

行业	直接税收收入	间接税收收入	引致税收收入	总税收收入
交通运输、仓储和邮政	1.7	8.9	2.8	13.4
住宿和餐饮	0	1.5	1.7	3.2
信息传输、软件和信息技术服务	0.3	2.4	1.8	4.5
金融	0.1	19.8	9.4	29.3
房地产	8.2	9.1	9.2	26.5
租赁和商务服务	0	6.5	3.1	9.6
科学研究和技术服务	1.6	0.9	0.1	2.6
水利、环境和公共设施管理	0.3	0.1	0.2	0.6
居民服务、修理和其他服务	0	0.6	0.6	1.2
教育	0	0	0.1	0.1
卫生和社会工作	0	0	0.2	0.2
文化、体育和娱乐	0	0.3	0.3	0.6
公共管理、社会保障和社会组织	0	0	0	0
总计	96.2	157.7	87.5	341.4

（4）页岩气开发就业影响的测算

由模型测算结果可以看出，到 2020 年重庆页岩气开发累计总就业人数为 91.6
万人，其中直接就业人数为 8.4 万人，间接就业人数和引致就业人数分别为 47.6
万人和 35.6 万人（图 5-4）。

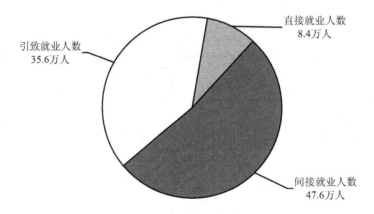

图 5-4　重庆页岩气开发就业人数

分行业就业人数见表 5-7。从分行业就业人数来看，总就业人数排在前五位的是农林牧渔产品和服务，设备制造，交通运输、仓储和邮政，批发和零售，其他制造，分别占总就业人数的 50.00%、9.70%、6.65%、6.28%和 6.19%。直接就业人数排在前三位的是批发和零售，农林牧渔产品和服务，交通运输、仓储和邮政，分别占 24.92%、20.55%和 17.44%；间接就业人数排在前三位的是农林牧渔产品和服务，交通运输、仓储和邮政，设备制造，分别占 16.62%、16.08%和 16.02%；引致就业人数排在前三位的是农林牧渔产品和服务、其他制造、批发和零售，分别占 22.84%、13.92%和 13.89%。

表 5-7　重庆页岩气开发分行业就业人数　　　　　　单位：万人

行业	直接就业人数	间接就业人数	引致就业人数	总就业人数
农林牧渔产品和服务	1.7	7.9	8.1	17.7
采矿	0.2	2.1	0.4	2.7
设备制造	0.9	7.6	3.7	12.2
其他制造	0.1	3.3	5.0	8.4
公用事业	0.1	3	0.8	3.9
建筑	0	1.5	0.7	2.2
批发和零售	2.1	4.3	4.9	11.3
交通运输、仓储和邮政	1.5	7.7	2.4	11.6
住宿和餐饮	0	1	1.1	2.1
信息传输、软件和信息技术服务	0.1	0.4	0.3	0.8
金融	0	5.7	2.7	8.4
房地产	0.7	0.8	0.8	2.3
租赁和商务服务	0	1.1	0.6	1.7
科学研究和技术服务	0.9	0.5	0.1	1.5
水利、环境和公共设施管理	0.1	0	0.1	0.2
居民服务、修理和其他服务	0	0	0.0	0
教育	0.1	0.5	2.0	2.6
卫生和社会工作	0	0	1.3	1.3
文化、体育和娱乐	0	0.1	0.1	0.2
公共管理、社会保障和社会组织	0	0.1	0.6	0.7
总计	8.4	47.6	35.6	91.6

由模型测算页岩气开发对重庆经济社会影响可知，重庆页岩气开发累计总增加值为 2 294 亿元，以重庆 2016 年 GDP 17 558.76 亿元计算，则年均 GDP 贡献 3.27 个百分点；累计总税收收入为 341.4 亿元，以重庆 2016 年税收收入 1 438.4 亿元计算，则年均税收收入贡献 5.93 个百分点；累计总就业人数 91.6 万人，以重庆 2016 年就业人数 176 万人计算，则年均就业人数贡献 1.3 个百分点。

5.2.5　页岩气产业关联效应与波及效应分析

（1）页岩气产业关联效应分析

产业关联效应主要包括前向关联（前向效应）和后向关联（后向效应），其中前向关联是通过供给关系与其他产业部门发生的关联，后向关联是通过需求关系与其他产业部门发生的关联。

1）页岩气产业与前向关联产业的关联度分析

页岩气产业的前向关联是指页岩气作为生产资料提供给其他产业，其他产业在生产过程中直接或间接地消耗页岩气，反映了页岩气产品分配给其他部门而对其他部门的推动作用。页岩气产品在各个产业中投入的份额直接反映了页岩气产业与前向关联产业的关联作用，投入份额越大，说明页岩气产业对其他产业的推动作用和供给影响作用越大、产业间依存关系越密切。

①页岩气产业与前向关联产业的直接关联度分析。页岩气产业与前向关联产业的直接关联度可通过直接分配系数进行测算，直接分配系数是部门产品分配给其他产业作为中间产品直接使用的价值占该产品总产出的比例。页岩气产业直接分配系数越大，说明其他产业对页岩气产业的直接需求越大，页岩气产业的直接供给推动作用越明显。其计算公式为

$$r_{ij} = x_{ij}/x_i \quad (i, \ j =1, \ 2, \ \cdots, \ n) \tag{5-2}$$

式中，r_{ij} 为直接分配系数；x_{ij} 为第 i 部门提供给第 j 部门的使用量；x_i 为第 i 部门的总供给量。

页岩气与其他行业直接分配系数的测算结果（前十位）见表 5-8。

表 5-8　页岩气产业与其他行业直接分配系数测算结果

排序	行业	直接分配系数
1	化学产品	0.319 060
2	燃气生产和供应	0.249 823
3	石油、炼焦产品和核燃料加工	0.137 665
4	非金属矿物制品	0.084 554
5	金属冶炼和压延加工	0.045 820
6	交通运输设备	0.041 902
7	电力、热力的生产和供应	0.019 474
8	金属制品	0.016 894
9	非金属矿和其他矿采选	0.013 992
10	食品和烟草	0.011 373

从表 5-8 可以看出，页岩气产业有效地推动了化学产品、燃气生产和供应等相关产业部门的发展。页岩气产业每产出 1 万元的产品，其中作为中间品再次投入化学产品的有 3 190 元、投入燃气生产和供应的有 2 498 元。表中产业部门的发展需要页岩气产业的产品作为生产投入品，页岩气产业对这些产业起到不同程度的推动作用。

②页岩气产业与前向关联产业的完全关联度分析。页岩气产业与前向关联产业的完全关联度可通过完全分配系数进行测算。其计算公式为

$$D = (I-R)^{-1} - I \qquad (5\text{-}3)$$

式中，D 为完全分配系数；R 为直接分配矩阵；I 为单位矩阵。

从表 5-9 可以看出，与页岩气产业有密切的前向完全联系的产业部门主要有化学产品、燃气生产和供应、建筑等。

表 5-9　页岩气产业与其他行业完全分配系数测算结果

排序	行业	完全分配系数
1	化学产品	0.488 381
2	燃气生产和供应	0.293 905
3	建筑	0.254 826
4	交通运输设备	0.199 205
5	非金属矿物制品	0.148 237
6	石油、炼焦产品和核燃料加工	0.142 014
7	交通运输、仓储和邮政	0.112 634
8	金属冶炼和压延加工	0.110 815
9	电气机械和器材	0.047 162
10	食品和烟草	0.040 586

2）页岩气产业与后向关联产业的关联度分析

页岩气产业的后向关联是指在生产开采页岩气过程中，需要其他产业提供的产品或服务作为生产资料，在生产过程中直接或间接地消耗其他产业提供的产品或服务，反映了产品生产过程中对其他部门的拉动作用。

①页岩气产业与后向关联产业的直接关联度分析。页岩气产业与后向关联产业的直接关联度可通过直接消耗系数进行测算（表 5-10）。页岩气产业直接消耗系数越大，说明页岩气产业对其他产业的直接需求越大，页岩气产业的直接拉动作用越明显。其计算公式为

$$a_{ij} = x_{ij}/x_j \ (i,\ j = 1,\ 2,\ \cdots,\ n) \tag{5-4}$$

式中，a_{ij} 为直接消耗系数；x_{ij} 为第 j 部门产品对第 i 部门产品的消耗量；x_j 为第 j 部门产品的各部门总投入。

表 5-10　页岩气产业与其他行业直接消耗系数测算结果

排序	行业	直接消耗系数
1	专用设备	0.133 947
2	仪器仪表	0.090 811
3	科学研究和技术服务	0.089 429
4	信息传输、软件和信息技术服务	0.080 553
5	化学产品	0.063 424
6	住宿和餐饮	0.059 057
7	交通运输、仓储和邮政	0.055 406
8	金属冶炼和压延加工	0.038 804
9	通用设备	0.036 579
10	电力、热力的生产和供应	0.029 830

从表 5-10 可以看出，页岩气产业有效地拉动了专用设备和仪器仪表等相关产业部门的发展。

②页岩气产业与后向关联产业的完全关联度分析。页岩气产业与后向关联产业的完全关联度可通过完全消耗系数进行测算（表 5-11）。其计算公式为

$$B = (I{-}A)^{-1} - I \qquad (5\text{-}5)$$

式中，B 为完全消耗系数；A 为直接消耗矩阵；I 为单位矩阵。

表 5-11　页岩气产业与其他行业完全消耗系数测算结果

排序	行业	完全消耗系数
1	金属冶炼和压延加工	0.231 661
2	化学产品	0.187 433
3	专用设备	0.158 174
4	通信设备、计算机和其他电子设备	0.153 634
5	仪器仪表	0.145 192
6	交通运输、仓储和邮政	0.137 296
7	电力、热力的生产和供应	0.129 512
8	金融	0.124 013
9	信息传输、软件和信息技术服务	0.114 397
10	科学研究和技术服务	0.113 868

从表 5-11 可以看出，与页岩气产业有密切的后向完全联系的产业部门主要有金属冶炼和压延加工、化学产品和专用设备等。

通过对页岩气产业前后关联效应评估得出，页岩气产业有效地推动了化学产品和燃气生产和供应等相关产业部门的发展。与页岩气产业有密切的前向完全联系的产业部门主要有化学产品、燃气生产和供应和建筑业等。与页岩气产业有密切的后向完全联系的产业部门主要有金属冶炼和压延加工、化学产品和专用设备等。总体来看，页岩气产业的前向关联比后向关联要大，说明页岩气的推动能力大于其拉动能力。这与页岩气主要作为产品提供给其他产业部门有关。

（2）页岩气产业波及效应分析

1）页岩气产业的感应度系数

产业感应度反映了国民经济各产业变动后使某一产业受到的感应能力，表现为该产业受到国民经济发展的拉动能力。其计算公式为

$$\Phi_j = \frac{\sum\limits_{j=1}^{n} A_{ij}}{\frac{1}{n}\sum\limits_{i=1}^{n}\sum\limits_{j=1}^{n} A_{ij}} \quad (i=1,\ 2,\ \cdots,\ n) \tag{5-6}$$

式中，Φ_j 为 j 部门感应度系数；A_{ij} 为 $(I-A)^{-1}$ 中第 i 行第 j 列的系数。

页岩气产业与其他行业感应度系数测算结果见表 5-12。

表 5-12　页岩气产业与其他行业感应度系数测算结果

排序	行业	感应度系数
1	金属冶炼和压延加工	3.362 8
2	通信设备、计算机和其他电子设备	2.782 2
3	化学产品	2.519 7
4	电力、热力的生产和供应	2.284 8
5	金融	2.140 0
6	交通运输、仓储和邮政	1.832 4
7	煤炭采选产品	1.578 4
8	交通运输设备	1.513 5
9	批发和零售	1.505 3
10	通用设备	1.212 1

排序	行业	感应度系数
11	造纸印刷和文教体育用品	1.147 8
12	农林牧渔产品和服务	1.091 1
13	食品和烟草	1.034 6
14	租赁和商务服务	1.028 8
15	石油、炼焦产品和核燃料加工	0.926 0
16	电气机械和器材	0.896 0
17	金属制品	0.839 2
18	住宿和餐饮	0.810 1
19	信息传输、软件和信息技术服务	0.809 4
20	天然气开采产品	0.791 9
21	房地产	0.785 6
22	仪器仪表	0.772 3
23	金属矿采选产品	0.737 7
24	专用设备	0.734 6
25	金属制品、机械和设备修理服务	0.716 8
26	非金属矿物制品	0.693 6
27	废品废料	0.652 9
28	纺织服装鞋帽皮革羽绒及其制品	0.612 1
29	纺织品	0.605 5
30	科学研究和技术服务	0.582 8
31	页岩气开采产品	0.568 2
32	非金属矿和其他矿采选产品	0.554 8
33	居民服务、修理和其他服务	0.554 7
34	木材加工品和家具	0.537 2
35	燃气生产和供应	0.510 8
36	文化、体育和娱乐	0.462 6
37	其他制造产品	0.461 1
38	建筑	0.447 8
39	水的生产和供应	0.419 2
40	教育	0.402 6
41	水利、环境和公共设施管理	0.367 2
42	公共管理、社会保障和社会组织	0.362 4
43	卫生和社会工作	0.351 5

2）页岩气产业的影响力系数

影响力系数是某产业的影响力与国民经济各产业影响力的平均水平之比，反映了某产业对国民经济发展影响程度大小的相对水平。

$$\delta_j = \frac{\sum\limits_{i=1}^{n} A_{ij}}{\frac{1}{n}\sum\limits_{j=1}^{n}\sum\limits_{i=1}^{n} A_{ij}} \quad (j=1, 2, \cdots, n) \quad (5-7)$$

式中，δ_j 为 j 部门影响力系数；A_{ij} 为 $(I-A)^{-1}$ 中第 i 行第 j 列的系数。

页岩气产业与其他行业影响力系数测算结果见表 5-13。

表 5-13 页岩气产业与其他行业影响力系数测算结果

排序	行业	影响力系数
1	通信设备、计算机和其他电子设备	2.005 0
2	电气机械和器材	1.531 1
3	交通运输设备	1.414 5
4	金属冶炼和压延加工	1.339 7
5	金属制品	1.319 6
6	专用设备	1.307 0
7	废品废料	1.291 3
8	通用设备	1.274 7
9	其他制造产品	1.258 5
10	建筑	1.224 6
11	仪器仪表	1.211 7
12	页岩气开采产品	1.207 0
13	非金属矿和其他矿采选产品	1.205 6
14	燃气生产和供应	1.173 2
15	木材加工品和家具	1.123 7
16	金属制品、机械和设备修理服务	1.119 4
17	造纸印刷和文教体育用品	1.103 2
18	化学产品	1.098 8
19	石油、炼焦产品和核燃料加工	1.098 2
20	非金属矿物制品	1.088 2

排序	行业	影响力系数
21	科学研究和技术服务	1.041 9
22	纺织服装鞋帽皮革羽绒及其制品	1.023 2
23	天然气开采产品	0.977 2
24	电力、热力的生产和供应	0.969 2
25	金属矿采选产品	0.966 5
26	纺织品	0.957 6
27	食品和烟草	0.927 7
28	信息传输、软件和信息技术服务	0.863 4
29	交通运输、仓储和邮政	0.863 3
30	住宿和餐饮	0.800 3
31	卫生和社会工作	0.798 5
32	煤炭采选产品	0.768 9
33	租赁和商务服务	0.763 9
34	文化、体育和娱乐	0.726 0
35	居民服务、修理和其他服务	0.716 1
36	公共管理、社会保障和社会组织	0.630 1
37	水利、环境和公共设施管理	0.604 1
38	农林牧渔产品和服务	0.599 9
39	金融	0.596 9
40	批发和零售	0.527 0
41	水的生产和供应	0.524 7
42	教育	0.518 7
43	房地产	0.439 9

通过对页岩气产业的波及效应进行评估得出，页岩气产业的感应度系数为 0.568 2，页岩气产业的影响力系数为 1.207 0，页岩气产业的影响力系数大于感应度系数，说明页岩气产业而对于整个国民经济的推动作用要大于其本身受到国民经济发展的拉动作用。

5.3 页岩气开发对重庆环境影响分析

5.3.1 重庆页岩气开发区环境特征

重庆地处四川盆地东南丘陵山地区，其地貌类型复杂多样，以山地和丘陵为主，境内喀斯特地貌分布广泛。页岩气开发区内水资源丰富，主要有长江、嘉陵江两条大的河流，以及乌江、涪江、綦江和大宁河等。重庆位于北半球副热带内陆地区，属于亚热带季风性湿润气候，页岩气开发区内河流大多属于雨水补给型河流，因季风降水径流比较丰富，夏季多洪水，秋季多汛期。境内流域面积大于100 km²的河流有274条，其中流域面积大于1 000 km²的河流有42条。2016 年，地表水资源量为 604.87 亿 m³；降水量大，2016 年平均降水量为 1 236.8 mm，折合年降水量为 1 019.17 亿 m³。重庆处于东亚季风区，冬季盛行偏北风，夏季盛行偏南风，平均风速 1.12 m/s，西北部平均风速最大，达 1.26 m/s，东南部平均风速最小，为 0.9 m/s；秋季平均风速最大，春季次之，冬季最小。

5.3.2 重庆页岩气开发区水资源分析

（1）水资源分布情况

根据页岩气产业"十三五"规划，页岩气主要开发区块包括宣汉—巫溪、忠县—丰都、彭水、綦江、荣昌—永川等。各个区块的地表水系及水资源情况如下：

宣汉县境内流域面积 100 km² 以上的河流有 3 条，流域面积 50 km² 以上的有 9 条，多年平均径流量 26.4 亿 m³。巫溪县境内有大宁河等 15 条主要河流，均属长江水系，年地表径流量 34.6 亿 m³。忠县境内有 28 条溪河汇入长江，流域面积大于 50 km² 的河流有 8 条，多年平均径流量 11.48 亿 m³，另有过境径流量 3 910 亿 m³。丰都县境内河流主要有长江及其支流龙河、渠溪河、碧溪河，年地表径流量约 3.0 亿 m³。彭水县境内河流属长江水系，主要有乌江、郁江、普子河、芙蓉江、长溪河和诸佛江等 25 条较大的河流，年径流量 40.68 亿 m³。綦江区境内溪河纵横，水系发达，其中綦江河系境内第一大河流，为长江一级支流，多年平均径流量 38.5 亿 m³。荣昌区境内有大小溪河 151 条，重要的有 25 条，多属沱江水系，径流量 3.25 亿 m³，其中濑溪河和清流河是境内两条较大的河流。永川区境内主要有小安溪、临江河、大陆溪、九龙河、圣水河和龙溪河 6 条河流，均属长江水系。

重庆各页岩气区块所在行政区内地表水系发达，河流众多，水资源分布广泛，但重庆以山地和丘陵为主的地形地貌给实际引水工程带来了挑战。

（2）水资源供应情况

根据重庆页岩气产业"十三五"规划中的页岩气钻采计划，计算各区块的人均用水量、页岩气开发用水量、开发用水占总用水量的比例以及开发用水占水资源总量的比例，结果见表 5-14。从表 5-14 可以看出，在人均水资源量方面，綦江、荣昌—永川、忠县—丰都区块较低，均低于 2016 年全国人均水资源量 2 262 m³，属于缺水地区，特别是荣昌—永川区块，人均水资源量仅为 884 m³，未来进行页岩气开发需要考虑对水资源的影响；而彭水、宣汉—巫溪区块人均水资源量较高。但从"十三五"规划的各区块页岩气开发用水占总用水量的比例来看，页岩气开发用水占比较小，均不到 1%。

表 5-14　重庆页岩气开发区水资源供应分析

页岩气开发区	水资源量/亿 m³	人均水资源量/m³	总用水量/亿 m³	生活用水量/亿 m³	生产用水量/亿 m³	页岩气开发用水量/亿 m³	开发用水占总用水量比例/%	开发用水占总水资源量比例/%
宣汉—巫溪	109.15	6 367	2.622 3	0.473 8	2.130 9	0.020 1	0.82	0.004 6
忠县—丰都	28.9	2 217	2.708 0	0.498 4	2.182 1	0.014 7	0.26	0.012 7
彭水	38.83	7 668	0.894 5	0.200 9	0.684 5	0.045 0	0.87	0.029 0
綦江	15.42	1 430	2.498 5	0.339 5	2.142 2	0.010 0	0.29	0.017 0
荣昌—永川	15.88	884	4.875 2	0.831 9	3.987 6	0.010 5	0.11	0.016 5

数据来源：①四川宣汉数据来源于《2016 年宣汉县国民经济和社会发展统计公报》。
　　　　　②其他数据来源于《2016 年重庆水资源公报》。

5.3.3 重庆页岩气开发区生态环境分析

（1）页岩气开发区与五大功能区关系

重庆综合考虑人口、资源、环境、经济、社会和文化等因素，划分为五大功能区：都市功能核心区、都市功能拓展区、城市发展新区、渝东北生态涵养发展区和渝东南生态保护区。渝东北生态涵养发展区和渝东南生态保护区是重庆的重要生态区，主要为了在发展中加强生态保护、在增强生态涵养中加快发展。重庆市五大功能区见图5-5。

图 5-5　重庆五大功能区

图片来源：重庆市政府网站。

从图 5-5 可以看出，页岩气的重点开发区域宣汉—巫溪区块和忠县—丰都区块位于渝东北生态涵养发展区；彭水区块位于渝东南生态保护区。从渝东北和渝东南的发展定位和生态保护要求来看，开发以上区块需要注意加强生态环境保护。綦江和荣昌—永川区块位于城市发展新区，生态保护要求相对较低。

（2）页岩气开发区与生态功能区关系

《重庆市重点生态功能区保护和建设规划（2011—2030 年）》将重庆划分为 5个一级生态区和 14 个二级生态区，不同生态区的生态功能和生态敏感性不同。重庆页岩气开发区生态环境状况见表 5-15。

表 5-15　重庆页岩气开发区生态环境状况

页岩气开发区	石漠化敏感性	生物多样性	土壤侵蚀敏感性
宣汉—巫溪	较高	极重要	较高
忠县—丰都	较高	中等重要	较高
彭水	较高	极重要	极高
綦江	较低	中等重要	较高
荣昌　永川	较低	较重要	较低

资料来源：《重庆市重点生态功能区保护和建设规划（2011—2030 年）》。

石漠化程度高的区域主要分布在喀斯特地貌发育的渝东南地区和渝东北地区，渝西地区等其他广大地区石漠化程度较低。其中，巫溪、忠县、丰都和彭水石漠化敏感性较高；綦江、荣昌和永川石漠化敏感性较低。

生物多样性与地形、水资源分布直接相关，地势较高的属于生物多样性极重要地区，渝中区等地势较低、经济发达区域生物多样性重要性相对较低。其中，巫溪和彭水生物多样性极重要；忠县、丰都和綦江生物多样性中等重要；荣昌和永川生物多样性较重要。

土壤侵蚀敏感性方面，彭水区块土壤侵蚀敏感性极高；巫溪、忠县、丰都和綦江土壤侵蚀敏感性较高；荣昌和永川土壤侵蚀敏感性较低。

页岩气开发中要特别关注开发区的生态环境，注意在开发中保护生态环境，促进资源开发与生态环境的可持续发展。

5.3.4　重庆页岩气开发带来的不利环境影响

重庆页岩气的大规模开发将会造成水资源消耗，可能带来水环境污染、温室气体排放和生态环境破坏等不利环境影响。

（1）水资源消耗量

重庆涪陵单井新水消耗量平均为 28 000 m³，根据重庆未来的钻井计划，2017—2020 年整个重庆计划钻井数为 460 口，则 2017—2020 年页岩气开发新水消耗累计总量为 1 288 万 m³，平均 322 万 m³/a（表 5-16）。根据 2015 年重庆市水资源公报，2014 年重庆水资源供给量为 80.46 亿 m³，则页岩气水资源消耗量占当地用水总量的 0.04%，再考虑重复压裂的话，按每口井生命周期内压裂 3 次，页岩气水资源消耗量也仅占当地用水总量的 0.12%，不会造成显著的额外供水压力。

表 5-16　2020 年重庆页岩气开发累计水资源消耗量

单井新水耗/m³	计划钻井数/口	新水消耗总量/万 m³	年水资源供给量/亿 m³	年均用水比例
28 000	460	1 288	80.46	0.04%或 0.12%[①]

注：①按单口井压裂 3 次计算。

（2）温室气体排放量

根据重庆市页岩气产业发展"十三五"规划，2020 年重庆页岩气产量将达到 200 亿 m³，按页岩气开发全生命周期甲烷损耗 0.99% 计，甲烷质量为 0.716 kg/m³，按 100 年全球增温潜势折算，即 1 t 甲烷等于 25 t 二氧化碳当量，则 2020 年重庆甲烷排放为 14.18 万 t，折算为二氧化碳当量为 354.5 万 t。

5.3.5　重庆页岩气开发带来的有利环境影响

页岩气在其替代煤炭利用过程中也能产生优化能源消费结构、减排大气污染物和温室气体等间接有利环境影响。本小节主要测算重庆页岩气产业"十三五"规划实施带来的有利环境影响。

（1）优化能源消费结构

重庆能源消费结构以煤炭为主，2013 年煤炭消费占总能源消费的 63%，油气消费比例低，其中天然气消费占总能源消费的 13%。《重庆市国民经济和社会发展第十三个五年规划纲要》提出，到 2020 年天然气消费比重提高到 14% 以上，天然气（含页岩气）产能达到 400 亿 m³，产量达到 280 亿 m³。另外，根据《重庆市页岩气产业发展规划（2015—2020 年）》，到 2020 年，重庆将实现页岩气产能 300 亿 m³/a，产量达到 200 亿 m³。从重庆"十三五"规划和页岩气产业"十三五"规划来看，天然气产能目标的实现主要依赖页岩气产业的发展，页岩气贡献了天然气 3/4 的产能和 5/7 的产量。

《重庆市页岩气产业发展规划（2015—2020 年）》提出，到 2020 年，将实现页岩气重庆市内消纳 60 亿 m³，按 1 亿 m³ 天然气能量约合 1.2×10^5 t 标煤计算，则 60 亿 m³ 约合 7.2×10^6 t 标煤。2020 年，重庆天然气消费量和能源消费总量分别为 15.65×10^6 t 标煤和 105.8×10^6 t 标煤，则页岩气占 2020 年重庆天然气消费量和能源消费总量的 46% 和 6.8%，对于优化重庆能源消费结构作用显著。

（2）替代煤炭带来环境效益

根据《重庆市页岩气产业发展规划（2015—2020 年）》的规划目标，到 2020 年，重庆市要实现页岩气重庆市内消纳 60 亿 m³，假设 60% 用于替代散煤燃烧，可替代终端消费散烧煤炭 0.06×10^8 t，可实现减排二氧化碳 1 042.89 万 t、二氧化硫 5.27 万 t、氮氧化物 0.99 万 t、烟尘 10.07 万 t。页岩气替代煤炭燃烧减排效果显著。

页岩气开发对我国经济社会环境影响研究

第6章

我国页岩气资源潜力巨大，开发利用潜力巨大的页岩气资源，已经成为提高我国天然气供应能力、保障能源安全、改善能源结构和促进经济社会发展的重要举措。我国高度重视页岩气的开发，制定了页岩气产业发展规划，出台了促进页岩气开发的相关政策，设立了国家级页岩气开发示范区，积极推进我国页岩气资源的开发利用。

6.1 页岩气开发经济社会影响

6.1.1 促进能源供给改革，构建清洁低碳体系

2016年12月29日，国家发展和改革委员会和国家能源局印发《能源生产和消费革命战略（2016—2030）》，指出"提高非常规油气规模化开发水平"是促进能源供给侧结构性改革的一项重要措施。

从当前我国非常规油气的开发来看，页岩气相比煤层气在矿权、成本和储量上具有优势；相比煤制气在成本、环境方面同样具有优势；短期内可燃冰和生物质燃气还不能形成规模化开发。因此，在短中期内，相比其他非常规气，页岩气更有可能进行规模化开发，且我国页岩气储量巨大，发展页岩气对促进能源供给侧结构性改革有着更为重要的作用。此外，页岩气相比煤炭和石油等常规能源，更为清洁、低碳；与常规天然气相比，资源量更大且热值更高；与可再生能源相比，更加稳定，且与可再生能源形成良性互补。因此，我国进行页岩气开发，对促进能源供给改革和构建清洁低碳体系具有重要作用。

6.1.2　提高天然气自给率，增强能源安全保障

美国"页岩气革命"促使美国能源自给率不断提高，使美逐步实现能源独立。根据 EIA 的《2011 年的能源展望报告》，到 2030 年，美国天然气的对外依存度将仅有 6%。自 2006 年我国开始进口天然气以来，天然气进口量逐年攀升。2006—2016 年 11 年间，我国天然气进口量增加了 74.9 倍，天然气自给率逐年降低，对外依存度逐年上升，2016 年我国天然气对外依存度为 35.03%。

当前我国国产天然气以常规气、页岩气、煤层气和煤制气为主，未来生物质燃气和可燃冰也将成为我国国内天然气供应的来源。预计生物质燃气和可燃冰将在 2030 年左右才能产业化，2030 年之前国产气仍将以上述四类气源为主。2030 年之前，我国常规天然气开采和新增资源较为明朗，产量主要以塔里木盆地、鄂尔多斯盆地和四川盆地等区块的天然气资源为主。根据新增的可采储量以及项目的投产情况，初步预测到 2020 年、2025 年和 2030 年常规气产量将分别达到 1 750 亿 m^3、2 150 亿 m^3 和 2 700 亿 m^3。煤层气由于产权等问题一直开发缓慢，2025 年之前以煤层气产量历史数据为基础，利用翁氏模型法对煤层气产量增长进行预测。2025 年之后，随着煤层气的勘探开发技术日趋成熟和开采成本降低，以及煤层气产权问题得以解决，煤层气开发会向规模化、产业化方向发展，利用龚帕兹法对煤层气产量增长进行分析。2020 年，煤层气产气能力有望达到 220 亿 m^3；2025 年产气能力达到 300 亿 m^3；2030 年达到 400 亿 m^3。当前煤制气行业已告别大发展时代，处于升级示范先行阶段。2025 年之前煤制气项目发展相对明确，主要是现有内蒙古、新疆相关煤制气项目，核准的新粤浙配套若干煤制气项目，前期工作的蒙西配套煤制气项目和部分省内煤制气项目的实施。2025 年之后，考虑在新疆、内蒙古等地区域内备案的煤制气实施可能性，预测煤制气的产量。预计到 2020 年，我国煤制气产能将达 200 亿 m^3，2025 年为 450 亿 m^3，2030 年达 750 亿 m^3。2030 年生物质燃气和可燃冰预计可达到 50 亿 m^3。未来我国国内天然气可供资源量预测见第 2 章表 2-25。

页岩气大规模开发后，可改变我国天然气供应格局，增强能源安全保障。以 2030 年为例，2030 年我国天然气总可供资源量将达到 4 750 亿 m^3，其中页岩气供给量将达到 800 亿 m^3，占国内天然气总供给量的 16.8%。2030 年，我国天

然气需求量在低情景、中情景和高情景三种情景下分别为 4 500 亿 m^3、5 200 m^3 和 6 000 亿 m^3。在中低情景下,国内天然气供给基本可以满足国内需求;在高情景下,我国需进口天然气 1 050 亿 m^3,占总需求量的 17.5%,而在页岩气没有规模化开发的情况下,高情景下这一比例将达到 30.8%。

6.1.3　优化能源消费结构,提高能源使用效率

《能源发展战略行动计划(2014—2020 年)》提出,到 2020 年我国一次能源消费总量控制在 48 亿 t 标煤,天然气消费比重达到 10% 以上,则可由此测算出 2020 年我国天然气消费总量约为 3 953 亿 m^3,而预测的常规天然气在 2020 年仅可提供 1 750 亿 m^3,因此,仅通过开发利用常规天然气是远不能满足我国天然气需求的。2020 年,我国页岩气可稳定提供天然气 300 亿 m^3,占 2020 年我国天然气消费量和能源总量的比重分别为 7.59% 和 0.75%,对优化我国能源消费结构起到了一定的作用,随着 2025 年以后页岩气的大规模开发利用,其对优化我国能源消费结构的作用将越来越显著。

在能源转换的最重要的发电领域,当前最先进的超超临界发电机组(USPG)理论发电效率为 48%～57%,而燃气-蒸汽联合循环发电(CCPP)效率已接近 60%,并且仍然在不断提高,天然气热电联产系统效率可达 60%～80%,冷热电联产系统的效率更高,可达 90%。此外,页岩气单位热值普遍高于天然气单位热值,合理利用页岩气资源,将能够极大提高我国能源使用效率。

6.1.4　促进经济社会发展,增加国内就业机会

页岩气开发将有效带动我国采矿业、设备制造业和化工等相关产业发展,增加 GDP 和税收,增加就业机会,促进我国经济社会可持续发展。

以美国地区为例,美国"页岩气革命"给美国经济社会带来诸多效益。首先,美国页岩气产业直接带动了以页岩气为原料的石化产业的发展。美国天然气协会数据显示,2015 年美国石化行业新增投资 160 多亿美元,创造 41 万个就业机会,为经济贡献了接近 1% 的 GDP,使失业率下降了 0.5 个百分点。HIS 全球观察咨询公司预计到 2035 年页岩气产业对美国 GDP 的贡献值将达到 2 310 亿美元,页岩气产业提供的就业岗位总数将达到 166 万个。

　　同样，我国页岩气如果实现大规模开发，也将给经济社会带来诸多效益。首先，页岩气开发将成为新的经济增长点。以重庆为例，初步测算重庆页岩气产业每投入1元，将带来3.8元总产出，可见页岩气开发带来的产出巨大。到2020年重庆页岩气开发累计总增加值为2 294亿元，将为重庆经济年均贡献3.27%的GDP。我国大部分页岩气资源分布在经济欠发达地区，因此发展页岩气产业将为欠发达地区带来经济增长。此外，重庆页岩气开发将带来91.6万个就业机会，特别是农林牧渔产品和服务业，设备制造业，交通运输、仓储和邮政业，批发和零售业等。

6.1.5　降低能源使用成本，直接和间接刺激消费

　　美国页岩气供应量的激增，使得美国国内天然气价格大幅降低，甚至低于煤炭价格，使得大量发电厂改用天然气发电，拉低了整体电价成本。较低的天然气价格还使美国的化工企业重获竞争力。在我国以重庆涪陵为例，涪陵区页岩气工业用气价格是重庆市最低的，比重庆市工业用气平均价格低26%，可见页岩气的开发降低了区域能源使用成本，给涪陵区相关企业带来了较强的市场竞争力。整体上，我国页岩气大规模开发利用将拉低我国能源的使用成本。

　　页岩气勘探开发带来大量的产业工人，其生活消费对住宿、餐饮、商贸等起到直接的带动作用，增加了当地居民的收入。此外，能源的低价也有助于减少家庭的相关支出。根据调研，2015年中石化向重庆涪陵区优惠供应民用气1.5亿 m^3。居民收入的增加和能源低价带来的相关支出减少将直接和间接提升购买力，刺激消费支出，提高经济需求。

6.1.6　加快能源体制改革，推进油气改革突破

　　当前我国石油天然气开发矿业权几乎全部集中于中石油、中海油、中石化和延长石油四大集团，解决四大集团矿权过度集中、圈而不探、探而不采问题是推动石油天然气开发体制改革的关键。油气开发体制改革复杂艰难，而页岩气开发提供了改革机遇。因此，加快页岩气开发可以作为推进我国油气体制改革的突破口。

　　在当前油气开发体制下，要实现像美国那样的页岩气革命，必须进行能源开发体制改革。通过页岩气开发在油气开发上游引入市场竞争机制，消除多种资本

市场主体进入页岩气开发上游的壁垒，给予地方政府、中石油等四大集团以外的国有企业、民营企业、合资企业以及外资企业等市场主体平等进入机会和市场地位，有助于推动我国整个油气上游垄断格局的改革。

6.1.7　引发技术装备创新，促进技术装备出口

我国页岩气地质地表环境复杂，推动我国页岩气产业发展，很大程度上必须依靠我国核心技术和关键装备的自主创新，才能形成适合我国地质和地表条件的页岩气开发技术装备体系。我国初步形成了一系列适合我国页岩气资源开发的核心技术，包括资源评价技术、钻井技术和分段压裂技术等，但核心技术仍存在短板。近年来，我国也成功研制了压裂车、自然伽马测量仪、随钻感应电阻率测量仪、桥塞等关键设备，但设备性能有待提高。我国页岩气开发核心技术和关键设备需要进一步创新和研发，并最终使相关技术和装备"走出去"。

6.2　页岩气开发环境影响

2013 年以来，我国大面积、长时间出现雾霾，大气污染防治形势非常严峻，以煤炭为主的能源消费结构是形成大气污染的重要原因。提高常规天然气和页岩气等非常规天然气的供应能力，能够优化我国能源消费结构，减少大气污染物排放，改善大气环境质量。

我国页岩气的大规模开发将造成水资源消耗，可能带来水环境污染、温室气体排放等环境影响，但在替代煤炭利用过程中也能减排大气污染物和温室气体等从而产生环境效益。当前我国页岩气开发主战场还是在重庆，全国页岩气开发水环境污染与生态环境影响需根据页岩气的开发力度结合各开发区的自然环境特点等进行评估。本节主要以重庆涪陵页岩气开发水资源消耗强度、温室气体排放强度等为基准，测算了我国页岩气开发水资源消耗量、温室气体排放量和替代煤炭带来的环境效益。

6.2.1　水资源消耗量

2020 年、2025 年和 2030 年我国页岩气产量分别达到 300 亿 m^3、500 亿 m^3

和 800 亿 m³。重庆涪陵页岩气水资源消耗强度为 0.14~0.29 kg/m³，则生产 1 亿 m³ 的页岩气将消耗水资源总量为 14 000~29 000 m³。因此，以涪陵单位页岩气水资源消耗量为准，通过计算得到 2020 年、2025 年和 2030 年我国页岩气开发水资源消耗总量分别为 420×10⁴~780×10⁴m³、700×10⁴~1 450×10⁴m³ 和 1 120×10⁴~2 320×10⁴m³，页岩气开发水资源消耗量与 2016 年我国生活用水总量 821.4×10⁸m³ 相比还是非常小的。然而，由于我国水资源分布存在区域性差异，仍要注意区域页岩气开发，特别是在干旱缺水地区，可能带来的水资源压力。

6.2.2　温室气体排放量

重庆涪陵页岩气开发全生命周期内甲烷损耗占页岩气产量的 0.99%，根据对我国页岩气产量的预测，2020 年、2025 年和 2030 年全国甲烷排放量分别为 21.26 万 t、35.44 万 t 和 56.71 万 t，折算为二氧化碳当量分别为 531.5 万 t、886 万 t 和 1 417.7 万 t。根据 2012 年世界银行发布的数据，2012 年我国甲烷排放总量为 175 229 万 t 当量，则 2020 年、2025 年和 2030 年全国页岩气甲烷排放量仅占 2012 年总排放量的 0.30%、0.51% 和 0.81%。由此可知，我国页岩气开发带来的甲烷排放量相对于温室气体排放总量较小，不会造成我国温室气体的显著增加。

6.2.3　替代煤炭带来的环境效益

长期以来，我国以煤炭和石油等化石能源为主的能源结构导致温室气体排放激增，2006 年我国成为全球温室气体排放第一大国，在应对气候变化问题上面临着较大的国际压力。为了应对气候变化，我国在"国家自主贡献"中承诺将于 2030 年左右使二氧化碳排放达到峰值并争取尽早达峰。要兑现承诺，就必须大力发展天然气、核电、水电和风电等清洁能源。然而核电的安全性一直备受质疑，水电、风电、太阳能等可再生能源又面临输送和并网问题，所以我国面临最现实的选择就是加快发展天然气，特别是加快页岩气等非常规气规模化开发，增加天然气在我国清洁能源中的比重。

2020 年、2025 年和 2030 年我国页岩气产量分别达到 300 亿 m³、500 亿 m³ 和 800 亿 m³。假设全部用于替代散煤燃烧，可分别替代终端消费散烧煤炭 0.50×10⁸ t、0.83×10⁸ t 和 1.30×10⁸ t；可实现减排二氧化碳 8 690.8 万 t、14 484.6/ 万 t 和

23 175.47 万 t，二氧化硫 43.90 万 t、73.17 万 t 和 117.06 万 t，烟尘 83.95 万 t、139.92 万 t 和 223.87 万 t，氮氧化物 8.25 万 t、13.75 万 t 和 22.00 万 t。可见，页岩气在能源替代过程中对于温室气体和大气污染物的减排效果显著。

6.3　页岩气差异化开发与管理

国土资源部全国页岩气资源潜力调查评价及有利区优选结果显示，我国陆域页岩气资源主要分布在 5 大区域、41 个盆地和 180 个有利区。由于页岩气开发地区的资源条件、地形地貌和气候环境等不同，页岩气开发方案和开发时序应有所差别，且页岩气开发产生的环境影响是不同的。因此，在全国规模化开发页岩气之前，应针对不同页岩气开发区的特点，采取差异化的开发措施。

（1）对页岩气资源进行分级，制订差异化开发方案

我国页岩气资源分布在三大相、九大领域、16 个层系中，区块之间资源品质差异较大，如三大类型的页岩中，海相页岩的特点是有机质丰度高（TOC 含量为 1.0%～5.5%）、高-过成熟（Ro 值[①]为 2.0%～5.0%）、富含页岩气；海陆过渡相的特点是有机质丰度高（TOC 含量为 2.6%～5.4%）、成熟度适中（Ro 值为 1.1%～2.5%）；陆相页岩的特点是有机质丰度高（TOC 含量为 0.5%～22%）、低熟-成熟（Ro 值为 0.6%～1.5%）（邹才能等，2010）。热演化程度较高、含气量较高的海相富有机质页岩是最具潜力的页岩地层，四川盆地页岩气层系是海相富有机质页岩层系，具备页岩气勘探开发有利条件。

建议按照储量规模、储量丰度、开发难度等核心参数对资源进行分级，综合评估页岩气开发项目经济性和成功系数。针对不同的资源特点，制订差异化开发方案。如对于涪陵、长宁—威远、邵通三大区块条件稍微好一些的海相页岩气可以通过大规模水平井组、工厂化作业增效开发；而对于低丰度、难动用、无条件采用大规模水平井组、工厂化作业的区块，在时间布局上可以向后安排，待创新性低成本技术成熟后再进行开发。

[①] Ro 为镜质体反射率，利用 Ro 可研究有机质成熟度。

（2）根据不同区域水资源特点，进行水资源差异化管理

水资源丰富程度是页岩气开发面临环境制约需考虑的首要因素。世界资源研究所的研究结果表明，我国超过40%的页岩气远景区位于干旱或用水压力高的地区，同时这些地区的水资源季节波动性较大；我国已实现页岩气商业开发的地区位于人口密度较高的地区。

我国页岩气分布区域中，上扬子及滇黔桂区水位季节变化显著，水量大，汛期长，无结冰期，但人口密度较大，页岩气开采可能会挤占当地农业用水和居民生活用水；中下扬子及东南区，水量大，汛期长，无结冰期，水资源丰富，但是页岩气可采资源储量相对较小；西北区属于干旱和半干旱区，水量小，汛期短，但页岩气资源富集；华北及东北区，水量小，汛期短，结冰期短，页岩气资源富集。

由于我国页岩气开发区水资源特点不同，页岩气开发水资源使用应实行差异化管理。对于水力压裂技术的使用，水资源丰富的上扬子及滇黔桂区和中下扬子及东南区应以监控为主，水资源略差的华北及东北区应以管控为主，水资源缺乏的西北区应以禁用为主。此外，在水资源缺乏的西北区还要加快研究废水处理利用压裂技术和无水压裂技术。由于我国整体水资源缺乏，不能像美国部分州那样允许使用地下水进行压裂，要确保各区域禁止利用地下水开采页岩气。同时，各地区应结合钻采计划，收集页岩气开发单井用水量数据，密切监测水资源变化。

（3）根据不同区域气候特点，实行大气污染差异化管理

页岩气开发大气污染物主要包括总悬浮颗粒物、氮氧化物、二氧化硫和甲烷等，其中以甲烷排放量最大。

我国上扬子及滇黔桂区属于亚热带季风气候，区域以盆地为主，风速较小，湿度大，大气层相对稳定，空气流通较为缓慢，不利于大气污染物扩散；华北及东北区，属于温带大陆性季风气候，区域以平原为主，风速较大，空气流通速度快，利于大气污染物扩散；中下扬子及东南区，属于亚热带季风气候，区域多丘陵，受到丘陵的遮挡，不利于大气污染物扩散；西北区，属于温带大陆性气候，区域多高山和盆地，降水少，昼夜温差大，其地形和气候条件不利于大气污染物扩散。

在制定大气环境保护政策时，大气污染物不易扩散地区，例如，上扬子及滇

黔桂区、中下扬子及东南区和西北区，地方政府在制定大气污染标准时，地方标准要严于国家标准。而大气污染物易扩散地区，如华北及东北区页岩气开发地区环保部门要与周边地区环保部门协调进行联防联控。此外，还要根据页岩气开发区域的大气环境特点，加强对页岩气开发企业的控制和要求，对于大气污染物不易扩散地区，更要严格控制页岩气开发企业大气污染物排放。

（4）根据不同区域生态功能区特点，采取合理的页岩气开发措施

根据全国生态功能区划，上扬子及滇黔桂区和中下扬子及东南区属于南部湿润生态大区，华北及东北区属于东北部湿润半湿润生态大区，西北区属于北部干旱半干旱生态大区。

上扬子及滇黔桂区和中下扬子及东南区是土壤保持、水源涵养、生物多样性重要区域，面临水土流失敏感性程度高、水源涵养和土壤保持功能较弱问题。华北及东北区是水源涵养、土壤保持、生物多样性重要区域，面临的问题是水源涵养功能和土壤保持功能减弱，水土流失、生物多样性受到威胁。西北区大部分地区属于干旱、半干旱地区，是防风固沙重要区域，部分区域属于水源涵养区，面临水土流失严重、荒漠化加剧、盐渍化蔓延等问题。

在进行页岩气开发时，应充分考虑开发区的生态功能和面临的生态问题，对开发区生态功能进行详细调查和识别，结合页岩气资源和生态环境合理划定页岩气开发范围，以有效避免和减少对生态功能区的破坏。针对各生态功能区的特点，采取合理的页岩气开发措施，如生态敏感区需采取有效的污染预防和生态环境恢复措施，尽量减少对生态环境的破坏；石漠化敏感区和土壤侵蚀敏感区应遵循水土保持原则，加强页岩气开发区水土保持和水源涵养措施，尽量减缓土壤侵蚀和石漠化的程度。生物多样性关键区在页岩气开发时应积极采取有效措施对重要生物物种和遗传资源实施有效保护，保护生物多样性。

美国页岩气开发对经济社会影响研究 第7章

美国米切尔能源公司实现巴奈特页岩气的规模商业开发，使得美国页岩气的生产得到了规模性发展，成为页岩气革命成功的标志。美国页岩气革命，使页岩气产量大幅提升，2017 年美国已实现了天然气的净出口。页岩气规模化开发利用对美国经济社会产生重要影响，赋予了美国"新的竞争优势"，为美国"再工业化"注入了强大动力。

7.1 美国页岩气资源分布与开发进展

7.1.1 美国页岩气资源潜力与分布

2011 年，美国 EIA 对 46 个国家的页岩气资源进行了评估。美国 EIA 的评估数据显示，美国页岩气资源量为 17.8 万亿 m^3。从国家来看，页岩气资源量排在前十位的分别是中国、阿根廷、阿尔及利亚、美国、加拿大、墨西哥、澳大利亚、南非、俄罗斯和巴西，美国排在第四位。

从页岩气分布来看，美国页岩气主要分布在东北部、墨西哥湾、中部内陆、洛基山和西海岸。其中，东北部和墨西哥湾页岩气地质储量分别为 7.3 万亿 m^3 和 7.1 万亿 m^3，分别占总页岩气资源的 41%和 40%，两者占到总地质储量的 80%以上。美国各州页岩气储量情况见表 7-1。

从表 7-1 可以看出，美国页岩气主要集中分布在宾夕法尼亚州、得克萨斯州、西弗吉尼亚州、俄克拉荷马州和俄亥俄州，这五个州页岩气储量占到页岩气总储量的 84.12%。

表 7-1　美国各州页岩气储量　　　　　　　　单位：ft^3

	2012 年	2013 年	2014 年	2015 年	2016 年
美国本土 48 个州总储量	129 396	159 115	199 684	175 601	209 809
阿肯色州	9 779	12 231	11 695	7 164	6 262
加利福尼亚州	777	756	44	31	41
科罗拉多州	53	136	3 775	3 115	2 032
堪萨斯州	2	3	4	5	0
肯塔基州	34	46	50	13	12
路易斯安那州	13 523	11 483	12 792	9 154	9 637
密歇根州	1 345	1 418	1 432	1 006	1 128
密西西比州	19	37	19	11	7
蒙大拿州	216	229	482	360	213
新墨西哥州	176	258	646	1 044	5 581
北达科他州	3 147	5 059	6 442	6 904	8 259
俄亥俄州	483	2 319	6 384	12 430	15 472
俄克拉荷马州	12 572	12 675	16 653	18 672	20 327
宾夕法尼亚州	32 681	44 325	56 210	53 484	60 979
得克萨斯州	44 778	49 055	54 158	42 626	56 577
弗吉尼亚州	135	126	84	76	45
西弗吉尼亚州	9 408	18 078	28 311	19 226	23 146
怀俄明州	216	856	380	204	17
其他州	52	25	123	76	74

数据来源：EIA。

7.1.2　美国页岩气勘探开发概况

美国是世界上页岩气勘探开发最早的国家，也是最成功的国家。1821 年，美国第一口页岩气井钻探于纽约州 Chautanqua 县 Fredonia 镇的泥盆系页岩。然而一直到 20 世纪 80 年代，页岩气仍然被认为是无法进行商业化开发的。1981 年，美国政府开始投入大量的资金用于页岩气的勘探研究，最终促进了后期水力压裂等一系列技术的形成。1997 年，Mitchell 能源公司在巴奈特页岩开发中首次使用了清水压裂技术，至此水力压裂技术形成。水力压裂技术使巴奈特的最终采收率提高了 20%以上，作业费用减少了 65%。1999 年和 2003 年分别实现的重复压裂技术和水平井开采，使得美国页岩气产量大幅增长。1997　2009 年，美国 10 年间完成了 13 500 口钻井，这其中主要是水平钻井。总体来看，近年来美国页岩气产量逐年增长，2000 年美国页岩气年产量为 122 亿 m³，仅占美国天然气产量的 1%；2010 年页岩气产量为 1 378 亿 m³，占美国天然气产量的 23%；2017 年美国页岩气产量为 4 772 亿 m³，占美国天然气产量的近一半，为 49.9%。美国各州页岩气产量见表 7-2。

表 7-2　美国各州页岩气产量情况　　　　　　　　　　单位：ft³

	2012 年	2013 年	2014 年	2015 年	2016 年
美国本土 48 个州总产量	10 371	11 415	13 447	15 213	17 032
阿肯色州	1 027	1 026	1 038	923	733
加利福尼亚州	90	89	3	2	6
科罗拉多州	9	18	236	325	164
堪萨斯州	1	3	1	1	0
肯塔基州	4	4	2	1	0
路易斯安那州	2 204	1 510	1 191	1 153	1 111
密歇根州	108	101	96	65	84
密西西比州	2	5	2	3	2
蒙大拿州	16	19	42	39	19

	2012 年	2013 年	2014 年	2015 年	2016 年
新墨西哥州	13	16	28	46	497
北达科他州	203	268	426	545	582
俄亥俄州	14	101	441	959	1 386
俄克拉荷马州	637	698	869	993	1 082
宾夕法尼亚州	2 036	3 076	4 009	4 597	5 049
得克萨斯州	3 649	3 876	4 156	4 353	5 029
弗吉尼亚州	3	3	3	3	4
西弗吉尼亚州	345	498	869	1 163	1 270
怀俄明州	7	102	29	36	5

数据来源：EIA。

从表 7-2 可以看出，宾夕法尼亚州和得克萨斯州是美国页岩气产量最大的 2 个州，两者占全美页岩气产量的近 60%；其次是俄亥俄州、西弗吉尼亚州和路易斯安那州，分别占页岩气总产量的 8.14%、7.46% 和 6.52%，这 5 个州页岩气产量占到页岩气总产量的 81.29%。

7.2 美国页岩气开发对经济社会影响

7.2.1 页岩气开发对美国经济社会综合影响

美国"页岩气革命"的成功，从短期来看，对美国特别是州层面的页岩气开发地区经济的增长起到了积极的作用，能源生产州经济增长速度明显提升。从 2003—2013 年美国 13 个能源生产州的经济总量排名变化看，除 3 个州外，其他 10 个能源生产州排名显著提升，而对于能源消费州，除纽约州外，其他能源消费州总排名均出现下滑。HIS 全球观察咨询公司 2012 年发布的研究报告称，2010 年页岩气产业对美国 GDP 的贡献值超过 760 亿美元，预计到 2035 年将增加至 2 310 亿美元。

除经济增长以外，美国页岩气开发对经济社会的影响还体现在降低天然气对外依存度、降低天然气价格、改善能源结构、增加就业、增强化工行业竞争力等方面。

（1）降低天然气对外依存度

2000—2007 年，美国天然气的对外依存度一直保持在 15% 左右，自 2008 年开始，美国天然气的对外依存度持续降低；2011 年，对外依存度降低至个位数，为 8%；2016 年对外依存度进一步降低至 2%；2017 年，美国天然气的出口量大于进口量，天然气实现净出口 35.55 亿 m^3。2000—2017 年美国天然气消费量和对外依存度见图 7-1。

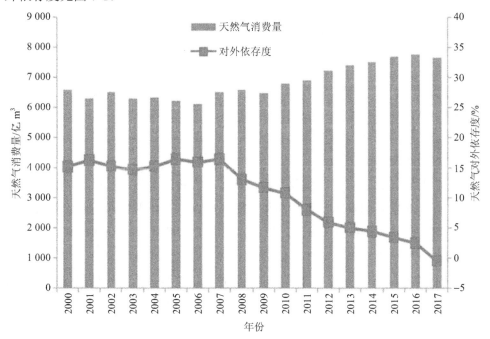

图 7-1　2000—2017 年美国天然气消费量和对外依存度

数据来源：EIA。

天然气对外依存度的降低主要归因于页岩气产量的增长。2003 年，美国实现水平井的开采，页岩气产量开始大幅上升。自 2008 年开始，美国页岩气产量大幅增长，伴随着页岩气占天然气的比例逐年上升（图 7-2），美国天然气的对外依存度大幅降低。

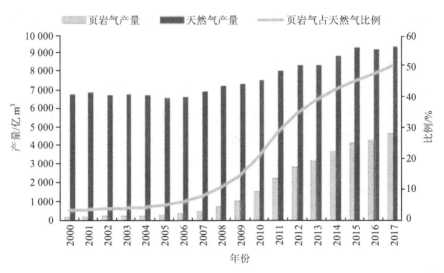

图 7-2   2000—2017 年美国页岩气和天然气产量及页岩气占比

数据来源：EIA。

（2）降低天然气价格

影响天然气价格的因素很多，其中页岩气产量的大幅增长是造成美国天然气价格下降的主要因素之一。石油与天然气联系密切，两者在能源消费方面具有较强的替代性。价格方面，天然气价格与石油价格挂钩。2000—2009 年，美国亨利港的天然气价格与 WTI（美国西得克萨斯轻质原油）保持了较好的相关性，但从 2009 年开始，两者之间出现大的背离，WTI 的石油价格仍处于较高的价位，而美国亨利港的价格却持续走低（图 7-3），2012 年 4 月，代表美国天然气基准价格的亨利港现货价格跌至 1.86 美元/MMBtu[①]，相比于 2011 年 10 月的 3.57 美元/MMBtu 下跌 47%。

出现这种情况，与美国经济持续萎靡不振有一定的关系，更重要的是美国页岩气的大量供应造成供过于求的供需关系变化。从 2003 年开始，美国页岩气产量快速增加，到 2009 年美国超越了俄罗斯，成为世界上最大的天然气生产国，其中增加的主要产量来自页岩气，随着页岩气产量的升高，天然气价格一路走低。

---

① MMBtu 为百万英热，1 英热（Btu）=1.06 kJ。

2003—2017 年美国天然气产量与亨利港天然气价格走势见图 7-4。

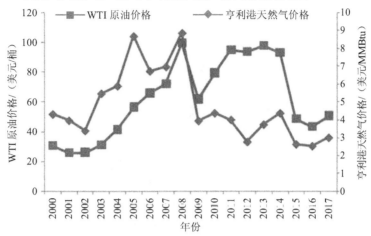

图 7-3　2000—2017 年 WTI 原油价格与亨利港天然气价格走势

数据来源：EIA。

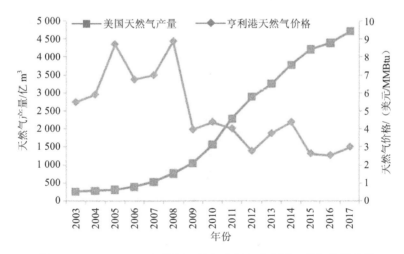

图 7-4　2003—2017 年美国天然气产量与亨利港天然气价格走势

数据来源：EIA。

（3）改善能源结构

随着美国页岩气产量的增加及天然气价格的下降，美国能源结构发生了较大变化。2000 年，美国能源消费总量为 71.33 GBtu，其中煤炭消费总量为 22.74 GBtu，占比最大，为 31.87%；天然气，消费总量为 22.27 GBtu，占 31.22%；石油消费总量为 12.36 GBtu，占 17.33%；核电消费总量 7.86 GBtu，占 11.02%；新能源消费总量 6.10 GBtu，占 8.55%，具体见图 7-5。

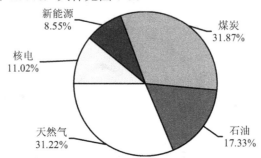

图 7-5　2000 年美国能源消费结构

数据来源：EIA。

2017 年，美国能源消费总量为 87.61 GBtu，天然气消费总量最大，为 32.89 GBtu，占比为 37.55%；石油消费总量为 19.54 GBtu，占比为 22.30%；煤炭、新能源、核电消费量分别为 15.62 GBtu、11.14 GBtu 和 8.42 GBtu，占比分别为 17.83%、12.72%和 9.61%，具体见图 7-6。

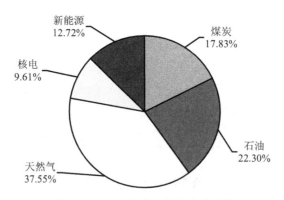

图 7-6　2017 年美国能源消费结构

数据来源：EIA。

2017 年天然气、石油以及可再生能源在一次能源消费中的比重比 2000 年有了较大的增加（图 7-7），特别是天然气，而煤炭占比有较大幅度下降，说明天然气替代了煤炭，对优化美国能源消费结构起到了一定的作用。根据 EIA 的预测，页岩气在未来仍将大规模开发生产（图 7-8），将使美国能源结构更加清洁，对优化美国能源消费结构的作用越来越显著。

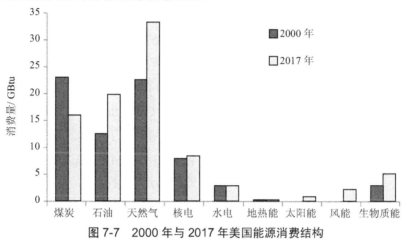

图 7-7　2000 年与 2017 年美国能源消费结构

数据来源：EIA。

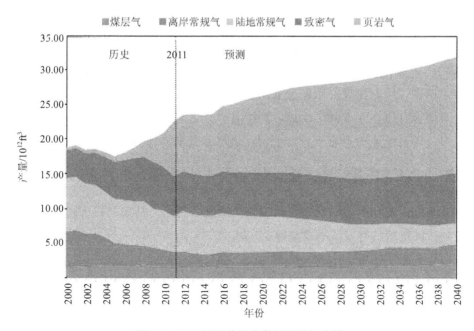

图 7-8　EIA 预测美国非常规天然气产量

（4）增加就业

根据美国劳工统计局数据，2007—2012 年，全美平均就业率下降 2.7%，但石油天然气行业就业率上涨 31.6%，且大部分页岩气生产州就业增长率达到 20%以上。HIS 全球观察咨询公司 2012 年发布的研究报告称，2010 年页岩气产业提供了超过 60 万个就业岗位，预计到 2035 年，页岩气产业提供的就业岗位总数将增至 166 万个。美国阿肯色州大学商业和经济中心研究得出，2007 年费耶特维尔页岩气开发为地区大约提供了 10 000 个工作岗位，并预测 2008 —2012 年将提供 11 000～12 000 个工作岗位。Considine 等通过使用 IMPLAN 模型对宾夕法尼亚州调查数据进行分析，得出 2008 年页岩气开发创造了超过 29 000 个工作岗位，并预测在 2009 年，创造的工业岗位将超过 48 000 个。美国 IHS 公司使用 IMPLAN 模型和其本身的贸易流动数据库，得出在 2012 年，非常规天然气和石油生产州创造了超过 120 万个工作岗位，其中由页岩气开发直接带来的工作岗位大约占 20%。

（5）增强化工行业竞争力

"页岩气革命"在带来天然气供给大幅增长的同时，又降低了天然气价格。天然气是制造尿素、甲醇、乙烯和丙烯等化工行业的重要原料。丰富低价的页岩气使得美国化工行业在全球竞争中具有较强的竞争力。随着"页岩气革命"的成功，尿素和甲醇的直接原料成本降低，使得美国国内尿素和甲醇企业纷纷新建、扩建工厂，也使得国际企业纷纷来美国建厂。据资料分析，到 2020 年美国尿素产能有望达到 2 000 万 t/a，预计出口量达 500 万 t 以上，部分甲醇也将用于出口。丰富低廉的页岩气资源使得美国尿素盈利水平排在全球第二位。

7.2.2 页岩气开发对经济社会影响——以马塞勒斯页岩为例

宾夕法尼亚州是美国页岩气储量和产量最多的州，马塞勒斯页岩位于宾夕法尼亚州，其页岩气开发具有典型性。

（1）页岩气开发产出

2010 年，马塞勒斯页岩气开发每 1 美元的固定投资，带来的总产出是 1.90 美元。其中，直接经济产出 3 768.6×10^6 美元，间接经济产出和引致经济产出分别为 1 557.2×10^6 美元和 1 843.8×10^6 美元（图 7-9）。

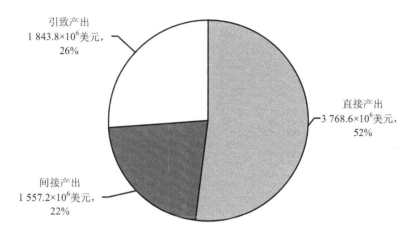

图 7-9　马塞勒斯页岩气开发产出

分行业来看，总产出排在前五位的是采矿业、建筑业、房地产业、批发业、科学研究和技术服务，分别占总产出的 14.16%、12.02%、9.49%、8.96% 和 7.98%；直接产出排在前三位的是采矿业、建筑业和批发业，分别占直接产出的 26.32%、22.00% 和 12.09%；间接产出排在前三位的是科学研究和技术服务、制造业、金融和保险业，分别占间接产出的 19.97%、15.37% 和 10.25%；引致产出排在前三位的是房地产业、卫生和社会服务、金融和保险业，分别占引致产出的 17.13%、15.78% 和 11.63%。分行业产出见表 7-3。

表 7-3　马塞勒斯页岩气开发分行业产出　　　　　　　单位：10^6 美元

行业	直接产出	间接产出	引致产出	总产出
农林牧渔业	13.5	11.8	6.3	31.6
采矿业	991.9	19.4	3.8	1 015.1
公用事业	42.2	43.7	38.3	124.2
建筑业	829.2	18.6	14	861.9
制造业	139.4	239.3	123.1	501.9
批发业	455.7	102.2	84.8	642.7
零售业	228.2	16.3	197.7	442.2

行业	直接产出	间接产出	引致产出	总产出
交通运输和仓储业	90	77.7	39.7	207.4
信息业	22.1	129.5	92.9	244.5
金融和保险业	44.3	159.6	214.4	418.4
房地产业	220.6	143.9	315.8	680.3
科学研究和技术服务	174	310.9	87.1	572.1
公司管理服务	0	84.1	19.5	103.6
行政和废物管理服务	26.6	93	43	162.5
教育服务业	87.9	1.7	39.2	128.8
卫生和社会服务	190.8	3.3	290.9	484.9
艺术和娱乐	35.3	6	34.1	75.5
旅行和食品服务	87.6	26.1	81	194.7
政府	63.3	39	83.8	186.2
其他服务业	25.8	30.9	34.5	91.2
总计	3 768.6	1 557.2	1 843.8	7 169.6

数据来源：Considine T，Watson R，Blumsack S. The economic impacts of the Pennsylvania Marcellus Shale natural gas play: An update[J]. Journal of Comparative & Physiological Psychology，2010，52（4）：399-402.

（2）页岩气开发增加值

2010 年，马塞勒斯页岩气开发总增加值为 3 876.5×10^6 美元，其中直接增加值 1 982×10^6 美元、间接增加值和引致增加值分别为 828×10^6 美元和 1 066.5×10^6 美元（图 7-10）。

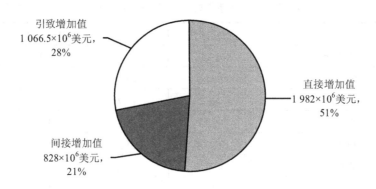

图 7-10　马塞勒斯页岩气开发增加值

　　分行业来看，总增加值排在前五位的是采矿业、房地产业、批发业、建筑业、科学研究和技术服务业，占总增加值的 13.27%、12.71%、11.13%、9.01% 和 8.26%。直接增加值排在前三位的是采矿业、建筑业和批发业，分别占直接增加值的 25.28%、16.65% 和 15.44%；间接增加值排在前三位的是科学研究和技术服务、房地产、金融和保险，分别占间接增加值的 21.52%、11.70% 和 11.18%；引致增加值排在前三位的是房地产、卫生和社会服务、零售业，分别占引致增加值的 21.83%、16.86% 和 12.47%。分行业增加值见表 7-4。

表 7-4　马塞勒斯页岩气开发分行业增加值　　　　　　　　　单位：10^6 美元

行业	直接增加值	间接增加值	引致增加值	总增加值
农林牧渔业	3.7	3.9	2.2	9.8
采矿业	501	11	2.4	514.4
公用事业	29.9	28.4	27.4	85.8
建筑业	330.1	10.7	8 4	349.2
制造业	34.4	62.1	29	125.5
批发业	306	68 6	56.9	431.5
零售业	152	11.1	133	296.1
交通运输和仓储	49.5	48.3	22.9	120.7
信息业	9.2	51.6	37.4	98.2
金融和保险业	23.8	92.6	112.2	228.7
房地产业	163.1	96.9	232.8	492.8
科学研究和技术服务	91.2	178.2	50.9	320.3
公司管理服务	0	50.6	11.8	62.4
行政和废物管理服务	14.9	59	26.6	100.5
教育服务业	50.2	0.9	23	74.2
卫生和社会服务	119.1	2	179.8	300.9
艺术和娱乐	14.9	3.2	14.8	32.9
旅行和食品服务	44.7	12.7	39.4	96.9
政府	33	20.8	42.1	95.9
其他服务业	11.2	15.1	13.8	40.1
总计	1 982	828	1 066.5	3 876.5

数据来源：Considine T，Watson R，Blumsack S. The economic impacts of the Pennsylvania Marcellus Shale natural gas play: An update[J]. Journal of Comparative & Physiological Psychology，2010，52（4）：399-402.

（3）页岩气开发就业影响

2010 年马塞勒斯页岩气开发总就业人数 44 097 人，其中直接就业人数 21 778 人、间接就业人数和引致就业人数分别为 8 732 人和 13 587 人（图 7-11）。

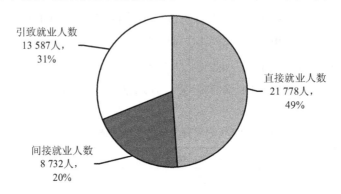

图 7-11　马塞勒斯页岩气开发就业人数

分行业来看，就业人数排在前五位的是零售业、建筑业、卫生和社会服务、科学研究和技术服务、旅行和食品服务，分别占总就业人数的 13.46%、11.96%、11.21%、7.30% 和 7.27%；直接就业人数排在前三位的是建筑业、零售业和采矿业，分别占 22.91%、13.49% 和 13.22%；间接就业人数排在前三位的是科学研究和技术服务、行政和废物管理服务、金融和保险业，分别占 22.19%、15.35% 和 8.02%；引致就业人数排在前三位的是卫生和社会服务、零售业、旅行和食品服务，分别占 21.62%、20.39% 和 10.25%。分行业就业人数见表 7-5。

表 7-5　马塞勒斯页岩气开发分行业就业人数

行业	直接就业人数	间接就业人数	引致就业人数	总就业人数
农林牧渔业	103	130	79	311
采矿业	2 878	51	82	937
公用事业	73	45	41	159
建筑业	4 989	161	122	5 272
制造业	239	574	222	1 034
批发业	2 266	508	421	3 195
零售业	2 938	225	2 771	5 934

行业	直接就业人数	间接就业人数	引致就业人数	总就业人数
交通运输和仓储	613	617	303	1 533
信息业	61	322	239	621
金融和保险业	164	700	847	1 711
房地产	446	586	596	1 629
科学研究和技术服务	738	1 938	543	3 219
公司管理服务	0	302	70	372
行政和废物管理服务	326	1 340	600	2 266
教育服务业	1 070	23	574	1 667
卫生和社会服务	1 984	22	2 938	4 943
艺术和娱乐	401	113	403	917
旅行和食品服务	1 368	445	1 393	3 206
政府管理	968	427	1 238	2 633
其他服务业	154	203	180	538
总计	21 778	8 732	13 587	44 098

数据来源：Considine T，Watson R，Blumsack S. The economic impacts of the Pennsylvania Marcellus Shale natural gas play：An update[J]. Journal of Comparative & Physiological Psychology，2010，52（4）：399-402.

下 篇

我国页岩气开发政策体系研究

美国页岩气开发政策体系及借鉴启示 第8章

美国页岩气开采历史悠久,产业发展较为成熟。为鼓励页岩气资源勘探开发,美国出台了政府资助勘探开发技术研究、财政税收优惠、公平准入等市场化机制、系列环境保护法律法规等政策,形成了较为完整的产业扶持政策体系。虽然我国页岩气产业起步良好,但依然处在产业发展起步阶段,面临诸多挑战。如何借鉴美国的相关经验和做法,进一步健全和完善我国页岩气产业政策体系,是本书的重点所在。

8.1 产业政策

美国页岩气的快速发展举世瞩目,其中产业扶持政策发挥了关键性作用。总体来看,政府资助勘探开发技术研究、政策法案明确规定税收优惠、公平准入等市场化机制完善、系列环境保护政策逐步出台是美国页岩气产业不断发展壮大的主要原因。

8.1.1 科技创新支持政策

政府资助勘探开发技术研究,为页岩气产业发展不断创新技术支持。20世纪70年代世界石油危机爆发,同时美国天然气产量开始呈下降趋势,美国经济霸主地位不断受到天然气供给威胁。为拓展新的天然气供给来源,美国专门成立了非营利性的天然气研究院,该研究院主要专注于非常规天然气的勘探开发技术研究,为页岩气、致密气和煤层气等非常规天然气的勘探开发提供技术支撑。1976年,美国国会批准资助非常规天然气研究计划,同时美国联邦能源管理委员会也批准其下属研究中心与天然气研究院的预算,东部页岩气项目位列其中,在该项目的支持下，泡沫压裂、泥盆系页岩气吸附与解析、定向取心及断口、井下视频、二氧化碳压裂处理、随钻电磁测量、大型水力压裂等系列技术不断取得突破，为提高页岩气单井产量和降低开采成本发挥了重要作用。1976—1992 年，美国能源部出资 9 200 万美元设立专项基金，用于支持学术研究机构和中小型企业开展页岩气开采关键核心技术研究。2004 年美国《能源法》提出未来 10 年内，政府将每年投资 4 500 万美元支持包括页岩气在内的非常规天然气勘探开发技术研究。在美国联邦政府、美国能源部、美国联邦能源管理委员会等政府部门对非常规天然气研发资金的持续资助下，水平井钻井、清水压裂、水平井多段压裂、同步压裂等先进技术相继取得突破，为页岩气规模化开采提供了技术支撑。

8.1.2　税收优惠政策

政策法案明确规定税收优惠，为页岩气产业发展提供强力政策支持。美国页岩气开发在享受传统油气开发税收优惠政策的同时，还享受专项政策的支持。1980 年美国国会通过的《原油意外获利法》中的第 29 条对非常规能源生产税收减免及财政补贴优惠政策进行了明确规定，1980—1992 年，美国本土钻探的非常规和低渗透气藏（煤层气和页岩气）可享受 3 美元每桶油当量的补贴。1992 年美国国会再次对《原油意外获利法》第 29 条进行修订，对 1979—1999 年钻探和 2003 年之前生产和销售的非常规天然气实施 0.5 美元/kft^3 的税收减免。接着，政府颁布的各项政策法案纷纷扩展和延续非常规能源的补贴范围和补贴政策，如 1990 年颁布的《税收分配的综合协调法案》和 1992 年颁布的《能源税收法案》中扩展了非常规能源的补贴范围，1997 年颁布的《纳税人减负法案》中延续了非常规能源的税收补贴政策，2005 年颁布的《能源政策法》第 1345 条明确提出 2006 年投入运营的生产非常规能源的油气井在 2006—2010 年可享受 3 美元每桶油当量的补贴。除美国联邦政府出台一系列非常规能源税收补贴政策外，页岩气资源相对丰富的得克萨斯州、路易斯安那州、俄亥俄州、宾夕法尼亚州和阿肯色州等州政府纷纷出台免征生产税、额外补贴等税收扶持政策，如得克萨斯州政府 1992 年以来对页岩气开发免征生产税，同时额外给予 3.5 美分/m^3 的州政府补贴。在美国联邦政府和州政府税收优惠政策的共同扶持下，越来越多的油气公司投入页岩气资源的勘探开发，使得美国页岩气勘探量显著增加。

8.1.3　市场公平准入政策

公平准入等市场化机制完善，为页岩气产业发展提供了市场竞争平台。管网运行中市场化的公平准入机制是美国页岩气产业快速发展的主要原因。1992 年，美国联邦能源管理委员会颁布第 636 号法令，规定管道公司只能从事输送服务，取消其对天然气购销市场的控制，禁止天然气生产者拥有天然气管网资产。在管理模式上，采取天然气开采和管道运输垂直分离，管道运营商对天然气供应商实施无歧视准入，通过管网设施第三方准入的管理模式有效解决了页岩气开发商输送的需求，进而支持了页岩气产业的商业化发展。在建立管网运行市场化公平准入机制的同时，为了进一步降低非常规天然气的开发成本，1996 年美国政府对管道公司实行税收减免政策，将管道公司的所得税税率定为 12.3%，远低于美国工业行业 21.3% 的平均所得税税率，2001 年将管道公司的所得税税率提高 1 个百分点，但依然远低于工业行业平均所得税税率。美国除在管网运行方面实行公平准入机制外，在投融资方面也实行市场化机制，美国土地私有化制度有效保证了矿业权可以自主经营或通过市场交易自由出让，1978 年，美国国会通过的《天然气政策法案》进一步放松了对天然气价格的管控，天然气价格的变动完全由市场需求决定。在市场竞争机制的带动下，政府对投资者的资质、规模、能力等方面的准入限制较少，使得越来越多的中小型油气公司有机会获得页岩气的开发权，同时专业的油气服务公司也有机会获得页岩气勘探、开采、生产等业务。美国现有 8 000 多家油气公司，其中 7 900 多家为中小型公司，由于中小型油气公司富有创新精神，敢于在页岩气勘探开发领域进行技术革新、综合运用美国成熟的风险投融资机制，大量投资短期内悄然聚集到页岩气领域，使得页岩气产量和技术迅速突破。

8.1.4　环境保护政策

各项环境保护政策逐步出台，为页岩气产业发展提供绿色保障。在美国页岩气产量快速增长的同时，也带来了地下水污染、甲烷等有害气体泄漏、淡水过度损耗、微地震、侵占耕地、噪声过大等环境风险。对此，美国政府高度重视，研究并逐步出台了一系列与页岩气开发密切相关的环境保护政策。1996 年，美国国会通过《饮用水安全法》修正案,禁止油气运营商在水源附近进行水力压裂作业;未经美国国家环境保护局批准同意,不得私自向河流、湖泊、水库及地下水源等排放污染物。1963 年美国国会通过《清洁空气法》,后经多次修订,明确要求页岩气生产厂商必须控制压裂施工过程返排液体中的挥发性有机化合物的含量,加强对页岩气开采过程中环境污染的监管力度,对违反环境保护规定的油气公司进行严格处罚。《濒危物种法》《职业安全与健康法》《资源保护与回收法》《综合环境责任与赔偿法》等法律法规对页岩气开发过程中可能带来的环境和健康风险进行了相应规定。2012 年 4 月,美国颁布首个控制页岩气开采中因使用水力压裂技术造成环境污染的法规,要求到 2015 年 1 月,所有采用水力压裂法进行页岩气开采的气井都必须安装相关设备,以减少苯和正己烷等可挥发性有机化合物及其他有害空气污染物的排放。这一系列环境保护政策涵盖了页岩气开发的全过程,有效保障了美国页岩气产业发展过程中的环境保护。

8.2 环境监管政策

美国页岩气开发形成了联邦、州、地区及开采地多级协调格局,并以州政府监管为主。美国联邦政府和州政府制定的环境监管措施为页岩气产业的健康发展提供了重要的制度保障,这些监管措施涉及页岩气勘探、选址及地面建设、设备运输、钻井及完井、水力压裂、生产水供应、空气污染控制、地表水管理、废水及固体废物处置、井址复原和地下水污染防控等,各环节均有详细监管措施。

8.2.1 开发初期依照油气行业相关法规进行监管

在页岩气开发初期,美国联邦政府对其环境影响没有给予足够重视,并未对页岩气开发采取特殊监管政策,对页岩气开发采用常规油气资源开发的环境监管体系,相关法律法规包括:《联邦环境法》《清洁水法》《饮用水安全法》《资源保护与回收法》《清洁空气法》等,美国国家环境保护局《油气开采点源废物排放限值标准》对石油、天然气开采的污染物排放标准进行了明确规定,美国国家环境保护局于 2011 年 7 月发布了针对油气行业的《新污染源行为标准》《有害空气污染物国家排放标准》,并要求天然气行业从 2012 年起(根据 2011 年数据）上报每年甲烷排放情况，所有重大甲烷排放环节都将被要求上报排放数据。

8.2.2　出台防范开发所致空气污染的专门法规

随着页岩气开发规模不断加大，其引发的环境争议增多，联邦政府对页岩气开发实施更为严格的环境监管，出台了专门的页岩气开发监管法规。2012 年 4 月 18 日，美国国家环境保护局发布了一项新法规——《页岩气开采环保法规》，对页岩气开采中因使用水力压裂技术所造成的空气污染加以控制，这是美国控制页岩气开采造成环境污染的首个专门法规。该法规要求，到 2015 年 1 月所有采用水力压裂法进行页岩气开采的气井都必须安装相关设备，以减少可挥发性有机化合物及其他有害空气污染物的排放，如苯和正己烷等。

8.2.3　各州出台压裂液和返排水处理要求的具体规定

在页岩气水力压裂方面，美国联邦政府存在监管漏洞。根据 1987 年美国国会的授权，油气企业免受《清洁水法》的监管；2005 年出台的《能源政策法》将水力压裂作业雨水径流的豁免范围进一步扩大到厂区井、路等的建设上，强调压裂液地下灌注的目的是油气开采，而非排污，不应属于《饮用水安全法》的监管范围，应予以豁免。这些豁免使美国国家环境保护局失去了对页岩气开发核心开采方式——水力压裂的有效监管，留下了所谓的"哈里伯顿漏洞"。

鉴于联邦政府对水力压裂的监管缺位，各州政府出台了有别于常规油气田开发废水处理要求的规定。某些州允许废水露天存放，某些州则要求所有污染性液体必须储存在罐体中实现闭环钻井系统（Closed Loop Drilling System）操作；西部和南部各州允许处理后废水注入地下，东部各州则要求取得许可后将废水排入公共污水处理厂。如得克萨斯州要求在鹰滩区块作业的企业需要遵循加强对地下污水灌注的规定要求；宾夕法尼亚州要求在马塞勒斯页岩气区块作业的企业循环利用水力压裂生产废水；新墨西哥州要求对钻井现场附近的水质进行持续检测，禁止在饮用水水源所在区域进行污水处置等；密歇根州对页岩气开采所用的套管、返排液、废物井、页岩气泄漏防范均有明确要求；蒙大拿州、怀俄明州、得克萨斯州、科罗拉多州、宾夕法尼亚州和阿肯色州均要求开采企业公开披露压裂液的组分信息。

各州的监管措施一定程度上弥补了联邦政府层面的监管漏洞，但面对页岩气开采快速发展的趋势，强化联邦政府监管仍十分必要。一方面，美国国家环境保护局正在起草一套水力压裂废水处理的国家标准，今后水力压裂的废液必须符合这一标准才能运往污水处理厂进行处理。另一方面，尝试通过立法来填补监管漏洞，一些议员向国会提交新的法案，取消水力压裂在《饮用水安全法》《联邦水污染控制法》监管中的豁免权，使美国国家环境保护局重拾对水力压裂的监管权，虽然这些法案尚未通过，但加强水力压裂的环境监管是大势所趋。

8.2.4　支持开发企业研发和应用环境友好技术

为解决页岩气开发的环境问题，除出台相关法律法规、加强监管之外，美国政府还积极支持页岩气开发企业发展环境友好技术、采用环境友好开发方式，并提出了一系列开发指南和最佳实践案例，以帮助企业降低页岩气开发的环境风险。主要包括：在页岩气开发活动前建立当地主要环境指标的基准，并在开发期间进行持续监测，以评估页岩气开发的环境影响；优化开发方案设计，减少钻井数量，降低水力压裂风险，提高气井采收率；倡导采用绿色完井技术，加强气井隔离与泄漏管理；加强水循环利用及废水、废物处理；明确要求安装甲烷捕集设备等。

8.3　对我国的启示

"十四五"时期是我国加快推进页岩气勘探开发、增加清洁能源供应、优化调整能源结构的关键期，为页岩气产业化大发展提供了宝贵的战略机遇。总体上，我国页岩气产业起步良好，但依然面临科学技术创新有待突破、财税优惠政策有待延续、市场体制机制有待完善、环境保护监管有待加强等诸多问题，因此，为促进我国页岩气产业持续健康发展，在借鉴美国有益经验的基础上，亟须进一步健全和完善我国页岩气产业政策体系与环境监管体制机制。

8.3.1　加强页岩气科技创新

强化页岩气全产业链技术攻关，激发页岩气产业发展创新动力。页岩气勘探开发过程中所需的水平钻井和水力压裂等核心技术是决定页岩气产业发展的关键，"十四五"及中长期我国亟须将页岩气全产业链关键技术攻关放在首位。一是通过国家科技重大专项、国家重点研发计划项目、国家自然科学基金项目等，加大对页岩气勘探开发相关的水平井钻井工艺、地质与气藏工程、体积压裂主体、优化水平井固井等关键技术研究的支持力度，将页岩气勘探开发关键技术储备研究列入年度重点项目，并适度扩大项目立项规模、提高科研资助金额；二是围绕页岩气全产业链中的勘探、钻完井、固井压裂、生产作业、电控设备等装备制造关键技术和薄弱环节，加强技术攻关和核心装备研发，提升我国页岩气装备制造业核心竞争力；三是鼓励国内油气公司和科研院所与国外专业机构开展深度合作，在引进消化吸收国外先进成熟技术的基础上，联合攻关适合我国自身地质条件的页岩气勘探开发技术；四是加强页岩气专业人才和核心技术队伍的培养，在相关科研院所增设页岩气开发工程方向的本科、硕士、博士学位点，在油气公司和科研院所联合建立博士后科研工作站，为页岩气大规模商业开发提供专业人才支撑。

8.3.2 加大财税优惠力度

加大页岩气财政税收优惠力度，凝聚页岩气产业发展扶持合力。我国页岩气开发起步较晚，目前依然处于产业发展起步阶段，还需继续通过财政税收优惠政策来发挥引导和支持作用。一是对依法取得页岩气探矿权、采矿权的矿业权人或探矿权、采矿权申请人，进一步加大探矿权和采矿权使用费减免力度；二是根据产业发展、技术进步、成本变化、区块位置等因素，在 2016—2018 年 0.3 元/m³、2019—2020 年 0.2 元/m³ 补贴标准的基础上，适时适度提高补贴标准和延长补贴期限；三是对页岩气勘探开发等鼓励类项目下进口国内不能生产的自用设备（包括随设备进口的技术），按照有关规定实行进口税、增值税减免抵扣；四是对依托页岩气资源建设的集勘探开发、车船应用、化工、发电、装备制造等产业于一体的全链条产业园区，各级地方政府在土地征用、城乡规划等方面给予积极支持，同时对入驻企业给予租金减免、物流补助、税收减免等优惠，为页岩气全产业链发展创造良好的外部环境。

8.3.3　深化市场体制机制改革

推动页岩气市场体制机制改革，增强页岩气产业发展市场活力。我国页岩气开发和运输管网目前均处于大型国企垄断控制下，难以反映市场供需的实际情况，应大力推动页岩气市场体制机制改革。一是实行页岩气勘查区块竞争出让制度和更加严格的区块退出机制，允许符合准入要求并获得资质的市场主体参与非常规油气勘查开采；二是推进投资主体多元化，引入包括中小企业在内的有竞争力民营企业参与页岩气勘探开发，充分发挥市场对资源的配置作用，进一步降低融资成本和开发成本；三是全面深化油气体制改革，推动页岩气管网运输和销售分离，大力推进页岩气管网等基础设施向第三方市场主体开放；四是积极培育页岩气管网建设、综合利用、技术服务、装备制造等市场主体，在管道、气价、销售等方面创新体制机制，形成"多元化主体，市场化运作"的新格局；五是建立市场监管机制，严格执行市场准入门槛和资质，大幅提高最低勘查投入资金，防止"跑马圈地"现象发生，构建健康有序的页岩气市场环境。

8.3.4　完善环保监管机制

完善页岩气环境保护监管机制，培育页岩气产业发展绿色潜力。页岩气资源的开发利用有利于减少二氧化碳和其他污染物排放，但在开采的同时也会带来一定的环境和生态破坏，因此，在页岩气开发各个环节须坚持绿色发展理念，有效减少或杜绝可能产生的各种环境问题。一是严格遵守《中华人民共和国环境保护法》（2014 年修订）等法律法规，结合各功能区实施差异化环境保护政策要求，严守生态保护红线，严格页岩气勘探开发项目环境准入，勘探开发选址必须远离生态敏感区；二是开展工厂化作业，采用一个井场可以向不同方向钻多口水平井的丛式水平井群，大幅减少井场数量，有效减少占地面积和地表植被破坏；三是循环利用压裂液，提升水循环利用效率，大幅减少页岩气开发过程中的用水量；四是严格执行钻完井操作规程，保证套管和固井质量，有效杜绝水层污染；五是加强日常生产中的环境保护监测检查，实行页岩气勘探开发公司自主监测、政府部门监管和社会监督同步运行的实时监测监管监督体系，保证压裂液无害排放，防止污染土壤和地下水。

8.3.5　加强页岩气开发环境监管

美国实践表明，页岩气开发存在一定环境风险，必须完善监管制度和加强技术创新，努力实现页岩气的环境友好开发。美国页岩气开发的环境监管体制和监管法规并不完美，我国应在总结吸收美国经验教训的基础上，加强页岩气开发的环境监管。一是完善监管体制。美国页岩气开发的监管以州政府为主，尽管很多州政府都积极出台法规，以减少页岩气开发的环境代价，但各州政府出于对当地经济发展的考虑，监管规定差异较大，地方保护问题较为突出。我国地方政府监管能力较弱，需要从国家层面完善环境监管机制，推动页岩气监管体系建设；二是健全页岩气开发的环境监管法规。美国具有较为完善的环境监管法律体系，但由于油气企业在排污方面拥有某些豁免权，导致联邦层面对水力压裂的监管并不理想。与美国相比，我国的环境监管法律体系尚不完善，出台页岩气开发的专门法规，健全监管体系刻不容缓；三是支持环境友好技术研发及推广。采用环境友好的开采方式是控制页岩气开发环境风险的重要措施，但环保技术与措施的应用会提高页岩气开发成本。国际能源署预测环保技术的应用将使典型页岩气井的总开发成本增加7%。建议我国支持页岩气开发的环境友好技术的研发，推广典型技术和案例，降低企业环境投入成本；四是加强信息公开。水力压裂液含有许多有毒化学物质，很多页岩气开发企业以商业机密为由，拒绝公开压裂液成分。为防止压裂液污染环境，美国通过立法要求页岩气开发企业公开压裂液的组成成分信息。我国应借鉴美国经验，建立页岩气开发的信息披露制度。

我国页岩气产业发展政策体系研究

自 2011 年以来，为加快推进页岩气勘探开发，我国陆续出台了页岩气产业发展的相关政策，页岩气产业政策体系逐步形成。这些政策的出台对我国页岩气产业的发展起到了重要的作用，然而由于部分政策推进缓慢，加之当前我国处于页岩气开发的初级阶段，在勘探开发及应用方面仍存在诸多问题。当前和未来一段时间内，我国页岩气产业发展仍面临许多挑战，因此迫切需要相关政策的逐步建立和完善，为保障能源安全提供政策配套支持。

9.1 我国页岩气产业发展政策体系梳理

9.1.1 勘探开发政策

1）2011 年 6 月，国土资源部首次进行页岩气探矿权招标，4 个页岩气区块参与竞标出让，包括渝黔南川页岩气勘查、贵州绥阳页岩气勘查、贵州凤岗页岩气勘查、渝黔湘秀页岩气勘查。

2）2011 年 12 月，由国务院批准，国土资源部发布《新发现矿种公告》（2011年第 30 号），批准页岩气为独立矿种，明确页岩气为第 172 种新矿。

3）2011 年 12 月，国家发展和改革委员会发布《外商投资产业指导目录（2011年修订）》，明确页岩气等非常规天然气资源勘探、开发（限于合资、合作）是鼓励外商投资的产业。

4）2012 年 5 月，国土资源部发布《页岩气探矿权投标意向调查公告》，要求投标内资企业注册资金不得低于 3 亿元人民币，门槛明显低于首轮页岩气探矿权招标。

5）2012 年 6 月，国家能源局发布《关于鼓励和引导民间资本进一步扩大能源领域投资的实施意见》，支持民间资本进入油气勘探开发领域，与国有石油企业合作开展油气勘探开发，以多种形式投资页岩气等非常规油气资源勘探开发项目。

6）2012 年 6 月，国土资源部与全国工商联发布《关于进一步鼓励和引导民间资本投资国土资源领域的意见》，鼓励、支持和引导民间资本进入土地整治、矿产资源勘查开发等国土资源领域。

7）2012 年 10 月，国土资源部举行第二轮页岩气探矿权招标，20 个拟招标区块中，19 个区块被国有企业和民营企业瓜分。

8）2012 年 10 月，国土资源部发布《关于加强页岩气资源勘查开采和监督管理有关工作的通知》，鼓励开展石油、天然气区块内的页岩气勘查开采。对页岩气富集区域与常规油气矿业权重叠问题进行了规定。

9）2013 年 1 月，国务院发布《能源发展"十二五"规划》，大力开发非常规天然气资源，到 2015 年，页岩气探明地质储量增加 6 000 亿 m^3，商品量达到 65 亿 m^3，非常规天然气成为天然气供应的重要增长极。以页岩气等矿种区块招标为突破口，允许符合条件的非国有资本进入，推动形成竞争性开发机制。

从当前发布的页岩气勘探开发政策来看，从页岩气批准为独立矿种、探矿权招标、放开页岩气开发上游的准入、鼓励外商和民营资本进入，到对矿权重叠问题的规定，目的都在于形成页岩气上游的竞争性开发机制，加快推进页岩气的勘探开发。一系列政策的出台使页岩气开发成为放开油气上游开发的突破口，具有重要作用和意义。然而，现行政策执行环节存有问题，对外商投资过于严格，对民营投资没有较大吸引力，且缺乏明确的政策。现有政策中的补贴没有体现在页岩气勘探中。此外，虽对矿业权重叠问题进行了规定，但没有规定细节，矿业权问题仍未妥善解决。页岩气矿权的退出、流转、竞争性出让等也未有详细政策说明。

9.1.2　科技支持政策

1）2010 年 8 月，我国首个专门从事页岩气开发的科研机构——国家能源页岩气研发（实验）中心，在中国石油勘探开发研究院廊坊院区揭牌。研发（实验）中心将开展页岩气的理论研究、技术攻关和设备研发工作。

2）2012 年 8 月，国土资源部发布《页岩气资源/储量计算与评价技术要求（试行）》，为页岩气开发铺平了技术道路。

3）2012 年 10 月，国务院发布《中国能源政策（2012）》，加快攻克页岩气勘探开发核心技术，建立页岩气勘探开发新机制，落实产业鼓励政策，完善配套基础设施，实现到 2015 年全国产量达到 65 亿 m^3 的总体目标。鼓励外商以合作的方式开展页岩气等非常规油气资源勘探开发。

4）2012 年 11 月，国家发展和改革委员会发布《天然气发展"十二五"规划》，到 2015 年，探明页岩气地质储量 6 000 亿 m^3，可采储量 2 000 亿 m^3，页岩气产量 65 亿 m^3。基本完成全国页岩气资源潜力调查与评价，攻克页岩气勘探开发关键技术。

5）2013 年 1 月，国土资源部发布《页岩气勘查开发相关技术规程（征询意见稿）》，形成野外地质调查、地震勘探、非地震勘探、钻井、测井、压裂、实验分析测试、资源评价八个方面共 20 项技术规范。

6）国家科技重大专项和"973"计划中设立了"页岩气勘探开发关键技术""南方古生界页岩气赋存富集机理和资源潜力评价""南方海相页岩气高效开发的基础研究"等研究项目。

7）2014—2016 年，国家发展和改革委员会、财政部、商务部发布《鼓励进口技术和产品目录（2014—2016 年版）》，鼓励引进页岩气开发利用先进技术。

8）2016 年 4 月，国家发展和改革委员会和国家能源局发布《能源技术革命创新行动计划（2016—2030 年）》，提出在页岩油气赋存机理、资源和选区评价等基础理论与技术，页岩油气藏地质建模、动态预测和开采工艺，页岩油气长水平井段水平井钻完井及压裂改造技术和关键装备等方面开展研发与攻关。

从现有页岩气科技支持政策来看，国家层面设立了研发中心和页岩气重大科技专项，推进页岩气勘探开发理论和技术攻关；鼓励进行页岩气开发先进技术的引进以及自主研发等。在科技政策支持下，我国页岩气一系列技术和装备取得突破，然而目前各项政策中仍然缺乏明确的页岩气科技政策。此外，缺乏专业化技术服务公司培育政策，从美国经验来看，美国页岩气开发的成功离不开众多中小专业化技术服务公司的技术研发与支撑。

9.1.3 运输和市场政策

1）2012 年 6 月，国家能源局发布《关于鼓励和引导民间资本进一步扩大能源领域投资的实施意见》，放开页岩气、煤层气、煤制气出厂价格，由供需双方协商确定价格。

2）2012 年 10 月，国家发展和改革委员会发布《天然气利用政策》，鼓励页岩气、煤层气（煤矿瓦斯）就近利用（用于民用、发电）和在符合国家商品天然气质量标准条件下就近接入管网或者加工成 LNG、CNG 外输。

3）2014 年 2 月，国家能源局发布《油气管网设施公平开放监管办法（试行）》，鼓励和引导民间资本进入石油、天然气领域，从事页岩气等非常规油气资源开发业务。促进油气管网设施公平开放，提高管网设施利用效率，保障油气安全稳定供应，规范油气管网设施开放相关市场行为。

4）2014 年 3 月，国家发展改革委发布《天然气基础设施建设与运营管理办法》，鼓励、支持各类资本参与投资建设纳入统一规划的天然气基础设施；鼓励、支持天然气基础设施相互连接。

5）2016 年 10 月，国家发展改革委发布《天然气管道运输价格管理办法（试行）》和《天然气管道运输定价成本监审办法（试行）》，管道运输价格实行政府定价，管道运输价格管理遵循"准许成本、合理收益、公开透明、操作简便"的原则。

6）2017 年 5 月，中共中央和国务院印发《关于深化石油天然气体制改革的若干意见》，要求完善油气管网公平接入机制，油气干线管道、省内和省际管网均向第三方市场主体开放。

7）2018 年 9 月，国务院发布《关于促进天然气协调稳定发展的若干意见》，要求强化天然气基础设施建设与互联互通，理顺天然气价格机制等。

近年来，我国加快了天然气运输和价格改革的步伐，2016 年至今密集出台了较多且具有重要性的政策文件，包括基础设施向第三方放开、管道运输价格管理和运输定价成本监审、鼓励各类资本参与天然气基础设施建设、基础设施互联互通，以及理顺天然气价格机制和价格的放开等。这些政策文件的出台，在今后较长一段时间内将对天然气行业发展产生重要影响。然而从目前来看，虽然现有政策框架已比较完备，但部分政策细化方案仍未出台，涉及省级层面的天然气运输和价格改革，部分省份仍未出台。此外，相关政策推进缓慢，垄断等问题依然突出。

9.1.4 财政和税收政策

1）2012 年 3 月，国土资源部发布《关于做好中外合作开采石油资源补偿费征收工作的通知》，对页岩气等油气资源征收矿产资源补偿费，且中外合作开采矿产资源补偿费实行属地化征收。

2）2012 年 11 月，财政部发布《关于出台页岩气开发利用补贴政策的通知》，中央财政对页岩气开采企业给予补贴，2012—2015 年的补贴标准为 0.4 元/m³。地方财政可根据当地页岩气开发利用情况对页岩气开发利用给予适当补贴。

3）2013 年 10 月，国家能源局发布《页岩气产业政策》，提出对页岩气开采企业减免矿产资源补偿费、矿权使用费，研究出台资源税、增值税、所得税等激励政策。

4）2014 年 10 月，财政部发布《关于调整原油、天然气资源税有关政策的通知》，提出对低丰度油气实行资源税优惠政策。

5）2015 年 4 月，财政部发布《关于页岩气开发利用财政补贴政策的通知》，2016—2020 年，中央财政对页岩气开采企业给予补贴，其中 2016—2018 年的补贴标准为 0.3 元/m³；2019—2020 年的补贴标准为 0.2 元/m³。财政部、国家能源局将根据产业发展、技术进步、成本变化等因素适时调整补贴政策。

6）2018 年 3 月，财政部和税务总局发布《关于对页岩气减征资源税的通知》，为促进页岩气开发利用、有效增加天然气供给，2018 年 4 月 1 日—2021 年 3 月 31 日，对页岩气资源税（按 6%的规定税率）减征 30%。

7）2018 年 9 月，国务院发布《关于促进天然气协调稳定发展的若干意见》，提出将研究中央财政对非常规天然气补贴政策延续到"十四五"时期，将致密气纳入补贴范围。

2012 年和 2015 年，我国分别出台了页岩气开发利用的财政补贴政策，补贴政策出现退坡趋势。在补贴即将到期、后续补贴政策仍不明朗情况下，2018 年 9 月国务院发布《关于促进天然气协调稳定发展的若干意见》，提出将研究中央财政对页岩气等非常规天然气补贴政策延续到"十四五"时期，给予页岩气开发市场以稳定预期，但补贴标准和补贴机制仍未明确。税费方面，为鼓励页岩气开发，给予页岩气开采企业减免矿产资源补偿费和矿权使用费；在 2013 年国家能源局发布的《页岩气产业政策》中，提出研究出台资源税、增值税、所得税等。税收减免最终在 2018 年 3 月落地，对页岩气资源税减征 30%，实施期限为 3 年，但仍未明确资源税之外的增值税与所得税优惠政策。

9.1.5　环境保护政策

1）2012 年 10 月，国土资源部发布《关于加强页岩气资源勘查开采和监督管理有关工作的通知》，提出要依法加强环境保护和安全生产。在勘查、开采过程中，应当严格执行相关法律法规和国家标准，保护地下水、地表和大气环境，并确保安全施工。在勘查、开采工作结束后，必须按规定进行土地复垦。

2）2013 年 10 月，国家能源局发布《页岩气产业政策》，对页岩气勘探开发中的节约利用与环境保护提出要求。要坚持页岩气勘探开发与生态保护并重的原则；钻井液、压裂液等应做到循环利用；加强对地下水和土壤的保护；页岩气勘探开发利用必须依法开展环境影响评价，加强页岩气勘探开发环境监管；对页岩气勘探开发利用开展战略环境影响评价或规划影响评价。

3）2016 年 9 月，国家能源局发布《页岩气发展规划（2016—2020 年）》，提出要严格遵守《环境保护法》（2014 年修订）等法律法规，制修订页岩气开发相关环境标准；大范围推广水平井工厂化作业，减少井场数量，降低占地面积；对废弃井场进行植被恢复；生产过程中严格回收甲烷气体，不具备回收利用条件的须进行污染防治处理；增产改造过程中将返排的压裂液回收再利用，或进行无害化处理，降低污染物在环境中的排放。

4）2020 年 11 月，由川庆钻探公司主编、国内 5 家单位参编的《页岩气环境保护　第 1 部分：钻井作业污染防治与处置方法》（GB/T 39139.1—2020）获得国家市场监督管理总局和国家标准化管理委员会批准发布实施，这是我国第一个页岩气勘探开发的国家环保标准。涉及页岩气的钻井作业源头控制、过程控制、废物收集与处理、完井环保要求等多个方面。

目前，虽发布了页岩气勘探开发的国家环保标准，但我国仍缺乏针对页岩气开发的环境监管政策和监管制度，可依据的政策主要是《环境保护法》《页岩气产业政策》和《页岩气发展规划（2016—2020 年）》中对页岩气开发过程中的环境保护和环境监管要求。

9.2 我国页岩气产业发展政策体系存在问题分析

9.2.1 勘探开发政策有待完善

一是矿权重叠问题尚未解决。国务院批准页岩气成为中国第 172 种独立矿种,意味着页岩气勘探开发不再受油气专营权的约束,任何具备资金实力和气体勘查资质的公司都可参与投标进行页岩气的开发。然而当前仍面临的一个问题是页岩气与其他矿种矿业权重叠,页岩气矿业权与常规天然气普遍存在空间上的重叠,大约 70%的页岩气分布区与常规天然气分布区重叠,严重影响页岩气的有效开发利用。原国土资源部对页岩气勘探开发提出了"两步走"设想:第一步,允许民营企业和中外合资企业参与那些与常规油气矿权无重叠的页岩气区块招标;第二步,考虑放开与常规油气矿权重叠的页岩气区块的探矿权。原国土资源部举行的第一次和第二次页岩气招标区块都避开了页岩气矿权重叠区,这些招标区块大多是资源较差的区块,导致开发积极性不高,而重叠区大都属于优质区块,目前却得不到开发,造成资源的闲置。

二是矿权流转机制不完善。建立充分竞争的页岩气产业格局需要大量社会资本无障碍地进入或退出。两轮探矿权招标的探索,以及贵州页岩气探矿权的首次拍卖,都为完善页岩气矿权竞争性出让和建立矿权退出机制积累了有益经验,多种性质市场主体合资合作开发模式的建立也为吸引和扩大页岩气投资提供了宝贵借鉴。但目前来看,整个页岩气上游勘探开发的市场化竞争格局还远未形成,需要进一步完善矿权流转机制进入与退出机制。

三是缺乏对页岩气勘探的财税和资金支持政策。页岩气勘探开发成本和风险都很高,而页岩气开发初级阶段,勘探是关键,目前的政策在金融上没有体现对页岩气勘探的鼓励。对页岩气开发的财政补贴仅仅是针对开发环节,而缺乏对页岩气勘探环节的补贴;且缺乏对页岩气勘探的引导基金和风险资金等金融支持,对于竞争主体,特别是中小企业在勘探环节缺乏吸引力。

9.2.2　科技支持政策有待强化

一是核心技术和关键装备与国外还有较大差距。我国仍处于页岩气开发的初级阶段，相关技术指标与美国相比还有一定的差距，如钻井周期长、自动化技术水平低和压裂周期长等。近年来，我国成功研制了压裂车桥塞等一批关键装备，但装备在可靠性、时效性及测量精度方面和国外先进水平还有所差距。核心技术还有待突破，如储层评价技术、钻完井技术、分段压裂技术等；关键装备还有待研制，如勘探测井装备、钻井作业装备及关键井下工具等。

二是对外商投资页岩气政策不明确。2011 年，《外商投资产业指导目录》中将页岩气勘探开发列为限于以合作、合资形式开展的产业。页岩气几轮招标中，在政策上对外资和外企部分开放，但缺乏明确的政策，如中标区块可否作为对外合作区块等。此外，页岩气作为独立矿种，相关对外合作配套政策不明确，企业在对外国公司技术引进上存在障碍或困难，无法进一步合作洽谈事项。

三是缺乏培育专业化技术中小企业服务公司的政策支持。美国页岩气产业开发过程中，大量中小技术服务公司参与其中，这些中小企业拥有强大的技术实力，它们的专业化分工与协作促进了"页岩气革命"的成功。而我国页岩气产业开发中，中小企业在服务技术方面的作用与地位几乎可以忽略。因此，我国亟须制定相关政策，引导、支持和培育一批专业化的中小技术服务公司，逐步建立专业化的技术服务市场。

9.2.3　运输市场政策有待放开

一是运销细化政策仍未出台。近几年，国家出台多项政策要求进行运输和销售的分离。虽然目前中石油和中石化等供气企业在企业层面已开展了天然气运输和销售业务的分离等相关举措，但是由于当前管网运输和销售分离的改革细化政策仍未出台，导致分离还有较大的难度。

二是相关政策推进缓慢，垄断问题依然突出。近几年，我国陆续出台了较多的市场政策，如基础设施向第三方开放、管道运输价格管理和运输定价成本监审、天然气价格改革等，但相关政策推进缓慢，导致输气价格和终端用气价格仍然高企，价格形成的市场化机制仍待完善。

三是管网投资尚未完全放开。虽然我国天然气基础设施在近年来有了较快的发展，但仍然不能满足快速增长的市场需求，基础设施建设与国家经济整体的发展水平相比依然落后。且由于前几年天然气需求增速的一度放缓，新建管网投资回报率下降，管网建设速度放缓。目前天然气的管网投资尚未完全放开，项目审批周期长，新建天然气管网基础设施仍较难。国家鼓励民间资本参与基础设施建设，但仅限于参股，而不是作为单独的市场主体进入。

9.2.4 财税政策扶持有待加强

一是财政补贴政策退坡过快。我国从 2012 年起开始实行财政补贴政策。其中，2012—2015 年，中央财政按 0.4 元/m³ 标准对页岩气开采企业给予补贴；2015 年，明确"十三五"期间页岩气开发利用继续享受中央财政补贴政策，补贴标准调整为前三年 0.3 元/m³、后两年 0.2 元/m³。截至目前，我国的财政补贴已经执行 5 年多。但当前页岩气补贴政策退坡过快。此外，大多数页岩气开发企业虽实际进行了页岩气开发利用，但由于财政补贴条件相对严格，如界定了严格的夹层及厚度、夹层比例等，难以获得补贴。

二是税费优惠政策力度不够。当前探矿权使用费和采矿权使用费减免对企业的激励作用不大，探矿权使用费每平方千米每年不超过 500 元，采矿权使用费每平方千米每年不超过 1 000 元，两者占企业整体成本比例非常小，激励效果极不明显。2018 年 4 月 1 日—2021 年 3 月 31 日，我国对页岩气资源税（按 6% 的规定税率）减征 30%，页岩气资源税税率降至 4.2%。根据相关测算，假设按照 1.5 元/m³的出厂价，以 2017 年 91 亿 m³ 的页岩气产量计算，共计可减征 2.457 亿元资源税，可使每立方米页岩气的成本下降 0.027 元，按 2020 年实现 300 亿 m³ 页岩气产量目标，2018—2020 年将累计完成页岩气销售量 650 亿 m³ 以上，预计可减少页岩气资源税支出 15 亿元，占产能建设实际需要投资 540 亿元的 2.7%，减征资源税对页岩气行业发展的总投资而言，力度仍然不够。

9.2.5 环境保护政策有待构建

一是缺乏专门针对页岩气开发的环境监管政策法规。页岩气开发与常规油气开发在工艺方面有较大不同，开发初期水资源消耗量大、返排液量大、压裂液成分复杂。当前我国没有专门针对页岩气开发水资源消耗和环境污染问题而制定的政策，可依据的政策主要是《环境保护法》，以及页岩气产业政策和规划，这些政策缺乏对污染处理措施细节的规定。

二是缺乏鼓励页岩气开发企业开展绿色环保技术研发的政策。除出台页岩气开发相关法律法规、加强环境监管外，鼓励企业进行环境友好技术研发也至关重要。企业在页岩气开发过程中采用绿色环保技术，可最大限度地降低页岩气开发过程中的环境风险和污染。目前，我国还缺乏鼓励页岩气开发企业开展绿色环保技术研发的相关政策。

9.3　我国页岩气产业发展政策体系构建

9.3.1　勘探开发政策

一是妥善解决矿业权重叠问题。理顺页岩气与其他矿业权重叠设置关系，尽快出台矿业权重叠管理办法，对已有矿业权进行重新设置，明确同一区域不同矿权人的权益，鼓励取得页岩气矿业权的主体依法综合勘查开采其区块内的油气资源，提高资源综合开发利用水平。此外，改变现有矿业权登记规则，将每种矿的矿业权登记限定在合理深度范围和空间范围，使其在空间上不重叠，同一区域可以有多个矿权业主体。

二是完善页岩气矿业权流转机制。进一步完善页岩气矿业权流转机制，允许以市场化方式进行页岩气矿业权的转让和取得。结合自然资源部正在推进的矿业权出让制度改革方案，针对页岩气的勘探开发特点，加快完善页岩气矿业权转让办法、细化储量评估规则等；严格执行油气勘查区块退出机制，全面实行区块竞争性出让，鼓励以市场化方式转让矿业权，完善矿业权转让规则；完善储量及价值评估等规则。

三是设立页岩气勘探开发的引导基金和风险基金。目前我国勘查资本市场尚未建立、勘查投入总体不足。为促进页岩气勘探开发快速发展、增加资源探明率，有必要建立页岩气勘探开发中央引导基金，形成社会资金投入页岩气勘查的撬动作用，加大页岩气勘查投入；引导和鼓励设立风险资金来支持具有专业页岩气勘探技术而缺乏资金的中小企业，承担勘探失败风险而获得较高投资回报。

9.3.2 科技支持政策

一是完善科技攻关技术扶持政策。集中页岩气勘探开发优势研究力量，着力突破页岩气勘探开发关键技术难题。加大对关键技术和共性技术的研发力度，专门设立页岩气资源研究基金，在科研经费和科研立项上予以重点支持。加快构建符合页岩气开发特点的技术与设备体系，特别是 3 500 m 以深海相页岩，以及陆相页岩和海陆相过渡岩核心技术与关键设备的研发。

二是加快推进对外合作的政策支持。对外合作对引进、消化、吸收先进的技术和管理，推进我国初级阶段页岩气的发展具有重要作用。建议尽快制定页岩气对外合作的政策，明确与国外开展页岩气合作的具体政策，包括但不限于合作模式、技术模式等，加快推进页岩气开发对外合作发展。

三是出台政策扶持中小企业发展。页岩气开发初期成本高、风险大，我国的中小企业在研发能力和技术水平上尚显不足，可研究出台相关财税政策予以扶持。注重出台政策加快中小技术服务企业的发展，创新中小技术服务企业融资模式，从金融政策上给予融资优惠利率，使中小技术服务企业能够获得较低的融资成本。

9.3.3 运输和市场政策

一是落实细化运销分离政策。抓紧落实细化天然气的运输与销售分离政策、天然气管道第三方公平准入方法，尽快制定实施细则并向社会公布，接受社会的监督。在新核定的天然气运输价格的基础上向第三方提供服务，使更多的市场主体公平地开展竞争。推动天然气管道运营业务与其他业务分离，成立独立的天然气管道公司。

二是加快管网基础设施建设进程。加大基础设施建设的投资力度，加快天然气管网的建设步伐，深化天然气管网投资项目审批制度改革，开辟快速审批通道，下放审批权限，简化审批流程。继续推动以中石油和中石化为投资主体建设基础设施，同时鼓励社会资本通过资本投资与中石油、中石化合作或独立投资参与天然气管网建设及管理运营。油气管网等基础设施向第三方开放，以及放宽对油气管网设施领域投资的限制，将有利于提高油气管道利用效率，起到降本增效的积极作用。

9.3.4　财政和税收政策

一是建立长期与动态的补贴机制。页岩气勘探开发初期，需要在财税方面给予政策支持，目前国家发展改革委和国家能源局明确延长页岩气补贴政策至"十四五"，但相关补贴政策仍未出台，需尽快出台补贴政策，给予市场以稳定预期。建议建立长期与动态的财政补贴机制，如区分页岩气开发成熟区和开发新区，给予不同的补贴标准。也可在补贴标准的设计上，改变当前的单一标准，根据上一年的产气量、当前气价水平、各区块的平均勘探开采成本，制定一套动态补贴标准体系。长期稳定的、能够给投资者带来合理预期回报的财政补贴政策，对激励广大投资者积极进入页岩气行业将起到有效推动作用。

二是分阶段降低页岩气资源税税率。当前页岩气资源税税率仍有进一步降低的空间，页岩气开发投入高、周期长，可分阶段降低页岩气资源税税率，对勘探和开采初期页岩气可进一步降低税率或暂不征收资源税，在页岩气产业整体进入商业生产阶段后再恢复正常的资源税税率。

三是参照煤层气给予增值税和企业所得税优惠。与同属非常规天然气的煤层气相比，页岩气增值税和企业所得税优惠远远不及煤层气。可参照煤层气实行增值税的先征后退政策，其税款由企业专项用于页岩气核心技术的研发，另外也可考虑不征收或降低企业所得税。

9.3.5　环境保护政策

一是加快出台针对页岩气开发的环境监管政策法规。在页岩气开发初期，美国也并未对页岩气开发采取特殊的环境监管，然而随着页岩气开发规模的逐步扩大和时间的推移，一系列污染问题随之显现，美国对页岩气开发的环境监管也日趋严格。美国各州也出台了一系列政策法规以预防和减轻页岩气开发对环境的影响。我国还处于页岩气开发初期，应注重环保立法，抓住页岩气最佳绿色开发时机，加快出台针对页岩气开发的环境监管政策，以及一系列有针对性的环保监测手段和技术，形成适合现阶段我国页岩气开发生产的环境监管体系。

二是出台引导企业开发绿色环保技术研发的政策。企业是页岩气开发的责任主体，为预防和减轻页岩气开发的环境问题，美国政府出台了一系列政策支持和引导企业进行绿色环保技术的研发，提出了一系列开发指南和最佳实践案例，降低页岩气开发的环境污染和风险。我国也应尽快出台支持和引导企业进行环境友好技术，如绿色钻完井技术、固井技术、环境友好压裂液等研发及推广的政策，以实现页岩气产业健康可持续发展。

我国页岩气产业发展 战略研究 第10章

加快页岩气产业发展，提高我国天然气供应能力，保障能源供应与安全是实现两个百年奋斗目标、实现中华民族伟大复兴中国梦的根本保障，是实现"双碳"目标的有力举措。"十四五"时期我国页岩气产业发展有着国家发展战略与政策引导、资源基础丰富与规模开发、体制机制不断理顺等诸多有利因素，但同时也面临消费市场开拓难度较大、深层开发技术尚未掌握、勘探开发竞争依然不足等诸多挑战。亟须深入贯彻页岩气"四个革命、一个合作"发展战略思想，为促进页岩气产业快速健康发展提供战略支撑。

10.1 页岩气产业战略定位与发展现状

10.1.1 页岩气在我国能源革命中的战略定位

从当前我国非常规油气的开发来看，页岩气相比煤层气和煤制气等非常规气在短期内更有可能进行规模化开发，且由于页岩气储量巨大，对促进能源供给侧结构性改革有着更为重要的作用。此外，页岩气相比煤炭和石油等常规能源，更为清洁、低碳；与常规天然气相比，其资源量将近常规天然气的两倍且热值更高；与可再生能源可形成良性互补，提高清洁能源比重。页岩气在我国天然气供应方面承担着重要的责任，必须明确其在我国能源革命中的战略定位，中长期内把页岩气培育成为仅次于常规天然气的主体能源。

10.1.2 页岩气产业发展现状

我国页岩气资源总体较为丰富，通过"十二五"时期的攻关和探索，页岩气产业实现了从起步到规模化商业开发的跨越,"十三五"时期页岩气产业在资源评价、勘探开发、科技攻关、政策扶持等方面均取得了较大发展,为"十四五"时期页岩气产业大发展奠定了坚实基础。

(1)页岩气资源评价有序进行,资源丰富且开发潜力巨大

为及时准确地掌握我国页岩气资源潜力情况,原国土资源部等部门对全国页岩气资源开展了多轮评价,2003—2007年国土资源部与国家发展改革委等部门联合组织开展了新一轮全国油气资源评价,2010—2014年国土资源部分阶段组织了对全国主要含油气盆地开展动态评价,2015年国土资源部对四川盆地、海域和非常规油气资源进行了重点评价。2017年5月15日,国土资源部组织开展了"重要国情国力调查——'十三五'全国油气资源评价",该项调查计划3年完成,将对陆上和海域130余个主要含油气盆地进行评价,除常规石油、天然气资源外,还将对页岩气、煤层气、油砂、油页岩、天然气水合物等非常规油气资源开展评价;不仅开展地质评价,还要开展经济可采性评价和生态环境允许程度评价。2015年,全国油气资源评价结果显示,全国埋深4 500 m以浅页岩气地质资源量121.8万亿 m^3,可采资源量21.8万亿 m^3,其中海相、海陆过渡相、陆相分别为13.0万亿 m^3、5.1万亿 m^3 和3.7万亿 m^3。同时页岩气基础地质调查评价取得重要进展,圈定10余个有利目标区,并不断在新区新层系中取得重要发现。2016年,南方页岩气调查开辟6万 km^2 新区,拓展9套新层系,圈定10处远景区,优选14个有利勘查区块,取得贵州遵义安页1井、湖北宜昌鄂宜页1井等页岩气勘查重大突破;北方新区新层系油气调查开辟50万 km^2 勘查新区,拓展3套油气勘查新层系,圈定20处油气远景区,为进一步拓展商业性勘探奠定了基础。2017年,我国建设长江经济带页岩气勘探开发基地,涵盖四川、贵州、湖北、湖南、江苏、安徽等整个长江流域。数据显示,长江经济带地区页岩气可采资源潜力为14.58万亿 m^3,占全国的58%。2017年,上述省份纷纷公布了自己的页岩气地质普查结果,显示储量喜人。分省份来看,重庆市通过开展全市页岩气资源调查评价,页岩气资源量估算达13.7万亿 m^3,是国内页岩气最富集的地区之一。四川省启动页岩气资源调查评价,首次对全省页岩气情况进行全面摸底,包含四川盆地、西昌盆地、盐源盆地等省内所有可能产气的区域,探明页岩气储量近2 600亿 m^3。湖北省根据江汉油田最新开采报告,全省页岩气预测资源储量为9.48万亿 m^3,居全国第五位,页岩气勘查有利区面积7.9万 km^2,

居全国第四位。其中，位于宜昌市的鄂宜页 1 井经过测试，单井每日获得产量 6.02 万 m³、无阻气量 12.38 万 m³ 的高产页岩气流。湖北省预测本省页岩气资源潜力还将增大，排名将会提升到全国前三位。湖南省已查明页岩气资源量达 9.2 万亿 m³ 左右，约占全国资源储量的 7%，排全国第六位。安徽省截至 2017 年年底，共圈定页岩气远景区 8 个，优选有利勘查区 9 个，预测页岩气资源量 3.37 万亿 m³，页岩层累计厚度 300～500 m，是全国页岩气五大优选地区之一。贵州省在勘探阶段安页 1 井获得了 4 个地质层系的页岩气、油气重大突破性成果，估算其控制范围内天然气资源量达千亿立方米。

（2）页岩气勘探开发稳步推进，业已形成涪陵等五大产区

在招标出让页岩气探矿权、确立页岩气新矿种地位、制定页岩气产业发展规划、出台页岩气开发利用补贴政策等系列政策作用下，我国页岩气勘探开发进程稳步推进。截至 2016 年年底，全国共设置页岩气探矿权 54 个，面积 17 万 km²。"十二五"期间，我国页岩气勘探开发取得重大突破，页岩气储量、产量实现双跨越，页岩气可开采量位居世界第一，产量位居世界第三，为"十三五"时期我国页岩气勘探开发驶入快车道奠定了坚实基础。目前，形成了由涪陵、长宁、威远、昭通、富顺—永川等页岩气勘探开发区组成的五大页岩气重点产区，主要集中在四川盆地周围的四川、重庆、云南等省域内。其中，涪陵页岩气田累计探明含气面积 575.92 km²，累计探明地质储量达 6 008.14 亿 m³，是全球除北美之外最大的页岩气田，2015 年年底顺利完成一期 50 亿 m³ 年产能建设目标，2016 年年底累计建成产能 70 亿 m³，2017 年年底建成产能 100 亿 m³。全国页岩气产量从 2012 年的 1 亿 m³ 迅猛增至 2017 年的 100 亿 m³，仅次于美国和加拿大。

（3）页岩气科技攻关全面开展，初步实现技术装备国产化

我国在借鉴国外页岩气勘探开发技术经验的同时，立足自身的地质条件，坚持自主研发与引进消化吸收再创新相结合，通过科技攻关和国家科技重大专项等政策支持，形成了适合我国地质条件的页岩气勘探开发核心技术。近年来，我国不断加大页岩气科技攻关支持力度，设立了国家能源页岩气研发（实验）中心，下设勘探技术、开发技术、钻完井技术和增产改造技术等研发部门，在"大型油气田及煤层气开发"国家科技重大专项中设立"页岩气勘探开发关键技术"研究项目，在国家重点基础研究发展计划中设立"中国南方古生界页岩气赋存富集机

理和资源潜力评价"等项目,在国家科技重大专项中设立"低成本快捷页岩气勘查评价关键技术与设备研发"和"页岩气资源潜力评价方法与勘查技术攻关"等项目。中国石化、中国石油、延长石油等企业也将页岩气勘探开发技术攻关作为首要任务,在同步压裂技术、无水压裂技术、二氧化碳压裂工艺技术、优快钻完井技术等方面取得了突破,并在压裂液、分段压裂设备、压裂测试核心技术等方面实现了国产化。

(4)页岩气产业政策逐步完善,规范引导全产业链大发展

为加快推进我国页岩气产业健康发展,国家能源局、财政部、国土资源部、国家发展改革委以及地方政府纷纷出台相关产业规划和扶持政策。2012年和2016年,国家能源局等部委先后印发《页岩气发展规划(2011—2015年)》和《页岩气发展规划(2016—2020年)》,对"十二五"时期和"十三五"时期页岩气产业发展进行了详细规划。2012年和2015年,财政部和国家能源局先后下发《关于出台页岩气开发利用补贴政策的通知》和《关于页岩气开发利用财政补贴政策的通知》,规定中央财政对页岩气开采企业在2012—2015年、2016—2018年、2019—2020年分别给予0.4元/m³、0.3元/m³和0.2元/m³的补贴,同时根据产业发展、技术进步、成本变化等因素适时调整补贴政策。2012年,国土资源部印发《关于加强页岩气资源勘查开采和监督管理有关工作的通知》,从合理设置页岩气探矿权、鼓励社会各类投资主体依法进入页岩气勘查开采领域等方面进行了明确规定。2013年,国家能源局制定了《页岩气产业政策》,从产业监管、产业技术政策等方面进行了详细规定。重庆、江西、四川等地方政府相继出台了《重庆市页岩气产业发展规划(2015—2020年)》《江西省页岩气勘探、开发、利用规划(2011—2020年)》等产业规划。

10.2 我国页岩气产业发展面临的机遇与挑战

"十四五"时期是我国能源绿色低碳转型的关键期,天然气等清洁能源比重将进一步提高,为页岩气产业大发展提供了重要战略机遇,但页岩气产业发展依然面临消费市场开拓难度较大、深层开发技术尚未掌握、勘探开发竞争依然不足等诸多挑战。

10.2.1　页岩气消费市场开拓难度较大

国家发展战略与政策引导激发页岩气需求，但消费市场开拓难度较大。2014年，国务院办公厅印发的《能源发展战略行动计划（2014—2020 年）》和 2016 年国家发展改革委、国家能源局印发的《能源生产和消费革命战略（2016—2030）》均明确提出，坚持绿色低碳战略，把发展清洁低碳能源作为能源结构调整的主攻方向，到 2020 年，天然气消费比重达到 10%以上，大力开发页岩气与我国能源低碳发展战略相吻合。2016 年，我国天然气消费比重为 6.4%，距离 2020 年 10%的目标还有 3.6 个百分点的差距。在我国能源结构转型升级的过程中，"气代煤"是应对气候变化和大气污染防治的必然选择，"气代煤"发展空间广阔，给页岩气产业大发展带来较大利好。随着我国经济增速放缓，以及国际油价下跌，油气价差不断收窄甚至倒挂，天然气经济性明显不足，虽然 2017 年天然气消费同比增长14.8%，但与 2020 年消费量 3 500 亿～3 600 亿 m^3 的目标还有相当大的差距。与此同时，天然气国内生产和国外进口均稳定增长，未来天然气供应相对充足。加上页岩气相比常规天然气勘探开发成本要高很多，给市场开拓带来不少挑战。

10.2.2　页岩气深层开发技术尚未掌握

资源基础丰富与规模开发保障页岩气供给，但深层开发技术尚未掌握。我国页岩气资源总体比较丰富，通过多年勘探开发实践，在四川盆地及周缘的下古生界志留系龙马溪组的海相地层累计探明页岩气地质储量 7 643 亿 m^3。其中，重庆涪陵页岩气田累计探明地质储量 6 008 亿 m^3，业已成为北美之外最大的页岩气田，2017 年年底建成年产能 100 亿 m^3，四川威远—长宁地区页岩气累计探明地质储量 1 635 亿 m^3。此外，鄂尔多斯盆地、贵州遵义正安、湖北宜昌等地陆续获得页岩气工业气流，实现页岩气勘探新区新层系重大突破。南方页岩气调查取得重大突破，有望建成两个页岩气资源基地。2017 年 9 月，贵州遵义安页 1 井获得了日产 10 万 m^3 的稳定高产工业气流；湖北宜昌鄂宜页 1 井获得了日产 12.38 万 m^3的高产页岩气流，有望实现页岩气商业开发。目前我国已掌握页岩气钻完井、压裂改造等技术，具备 3 500 m 以浅（部分地区已达 4 000 m）水平井钻井及分段压裂能力，但埋深超过 3 500 m 的页岩气深层开发技术还未掌握。

10.2.3 页岩气勘探开发竞争依然不足

体制机制不断理顺，促进页岩气产业大发展，但勘探开发竞争依然不足。2011年12月，国务院批准页岩气为新的独立矿种，正式成为我国第172种矿产，国土资源部对其按照独立矿种制定投资政策及进行页岩气资源管理，有利于形成油气勘探开发新格局。为推进页岩气勘查开采，国土资源部于2011年和2012年先后完成两轮公开招标出让页岩气探矿权，于2017年完成首次以公开拍卖方式出让页岩气探矿权，通过引入多元投资主体进入页岩气勘探开发领域，进一步完善页岩气矿权竞争性出让和退出机制。2017年5月，中共中央、国务院印发《关于深化石油天然气体制改革的若干意见》，明确提出要形成以大型国有油气公司为主导、多种经济成分共同参与的勘查开采体系，从增加油气勘查开采主体和完善矿权流转机制两方面进行重点改革，为页岩气产业发展提供了公平竞争的外部环境。但目前页岩气地质资料共享机制、常规油气矿权退出机制、页岩气技术服务市场竞争机制尚不完善，不利于页岩气勘探开发投资效率提高和成本降低。

10.3 我国页岩气产业发展战略选择

"十四五"时期是我国能源生产和消费革命的蓄力加速期，在经济增速换挡、新旧动能转换、结构调整优化、资源环境约束趋紧的新常态下，能源绿色低碳转型发展势在必行。作为非常规天然气的页岩气，其大规模开发利用将有助于节约和替代大量煤炭和石油资源，减少二氧化碳排放，改善生态环境质量。"十四五"时期是我国页岩气产业大发展的重要机遇期，亟须遵循习近平总书记提出的"四个革命、一个合作"能源发展战略思想，全面推进页岩气消费革命、供给革命、技术革命、体制革命和国际合作，为促进页岩气产业快速健康发展提供战略支撑。

10.3.1 推进页岩气消费革命

积极培育页岩气多行业应用，推进页岩气消费革命。与常规天然气类似，页岩气同样面临消费市场有待开拓的挑战，"十四五"时期及中长期亟须从工业、交通、分布式能源、民用等领域培育页岩气新的消费增长空间。一是推进工业规模化利用页岩气。页岩气富含甲烷，同时还可以从页岩气中分离出主要成分为乙烷、丙烷的大量凝析液，甲烷、乙烷、丙烷作为天然气化工的主要原料，可用于生产合成氨、甲醛、氢气、炭黑、四氯化碳、二硫化碳、硝基甲烷、氢氰酸、氯甲烷、乙炔等化学品，充分发挥页岩气清洁高效的化工原料优势，加快推进页岩气化工产业链形成。二是积极推广液化页岩气和压缩页岩气在交通领域的利用。充分发挥页岩气清洁高效的能源资源优势，加快液化页岩气 LNG 和压缩页岩气 CNG 工厂建设，推进 LNG、CNG 在城市公交车、重型卡车、环卫车辆、出租车、城际大巴、工程船、运输船、港务船、渔船等车船交通领域的应用。三是鼓励页岩气在分布式能源领域的应用。将页岩气作为天然气分布式能源发展的有益补充，积极参与天然气分布式供能系统建设，充分发挥能效高、削峰填谷、经济效益好等优势，增强能源供应安全。四是全力保障页岩气民用需求。受能源消费结构转型、新型城镇化快速推进、人民生活水平提高、环境质量要求明显改善等因素叠加影响，居民用能方式逐步从过去以煤炭为主向以清洁低碳的天然气为主转变，应加快页岩气勘探开发力度，优先保障民生用气。

10.3.2　推进页岩气供给革命

稳步开展页岩气多层次开发，推进页岩气供给革命。根据页岩气资源评价和勘探开发实践情况，将页岩气区块划分为已有产量或评价效果较好区块、已获得工业气流区块、工作基础较浅或新区块三类，按照重点建产、评价突破和潜力研究三种方式分别推进勘探开发。一是对位于重庆、四川、云南等地的涪陵勘探开发区、长宁勘探开发区、威远勘探开发区、昭通勘探开发区、富顺—永川勘探开发区中已落实有利区面积和地质资源量的区块，加快勘探开发力度，充分发挥大幅提高页岩气产量主力军作用；二是对位于重庆、湖北、四川、陕西等地的宣汉—巫溪勘探开发区、荆门勘探开发区、川南勘探开发区、川东南勘探开发区、美姑—五指山勘探开发区、延安勘探开发区中已获工业气流的区块，加强对该区块的地球物理勘探和评价井钻探，通过评价井和地震资料基本圈定气范围，结合相关评价资料，优选出建产区。在对建产区进一步进行地球物理勘探和特征分析的基础上，开展直井和水平井组先导性试验，落实产能和开发井距等关键开发参数，适时启动规模化开发；三是对位于贵州、湖北、湖南、重庆等地的正安区块、岑巩区块、来凤—咸丰区块、保靖区块、龙山区块、城口区块、忠县—丰都区块等一批"十二五""十三五"期间业已获得较好页岩气显示的区块，继续加大开发评价研究，适时开展先导性试验，加大页岩气地质条件和优选评价研究力度，力争大量新的有利区块在"十四五"期间涌现。

10.3.3　推进页岩气技术革命

加强自主勘探开发技术攻关，推进页岩气技术革命。勘探开发核心技术的突破是支撑页岩气产业健康快速发展的关键，"十四五"时期及中长期亟须加强自主勘探开发技术攻关力度，建立适合我国地质条件的勘探开发技术体系。一是加强页岩气资源潜力调查评价和有利区优选技术研究。由自然资源部牵头，联合国家能源局、国内页岩气勘探开发公司、科研院所、地方政府等相关部门组建页岩气资源战略调查小组，对页岩气资源相对丰富的重庆、四川、贵州、湖北、湖南、江西等地开展页岩气资源潜力调查评价，全面获取各区块页岩气系统参数，优选出页岩气资源远景区，并对远景区资源潜力进行科学评价。结合远景区资源评价结果，优选有利区进行深入的调查评价，通过优选技术选择页岩气评价井实施勘探示范先导试验，降低大规模商业勘探开发风险；二是重点突破埋深超过 3 500 m 页岩气资源的深层开发技术。针对我国大部分页岩气区块埋深超过 3 500 m、地质构造复杂等特点，由科技部牵头，联合国家能源局、中国科学院、国内油气公司、科研院所组建页岩气深层开发技术联合攻关团队，就深层水平的水平井钻完井、水平井多段压裂及增产改造技术进行联合攻关，形成适应我国复杂地质条件的深层页岩气开发技术体系；三是开展页岩气勘探开发环境保护关键技术研究。针对页岩气开发对地下水、土壤、噪声、空气质量、次生地质灾害、人体健康等方面的影响，重点开展环保型页岩气井钻井液和压裂液技术、油基钻屑回收利用技术、采气分离水处理技术、钻屑资源化高效利用技术、生态修复技术、安全环保标准体系等的研究。

10.3.4　推进页岩气体制革命

完善页岩气产业链扶持政策，推进页岩气体制革命。页岩气作为一种新兴的非常规能源，贯穿其全产业链的勘探开发、管网建设、综合利用、装备制造均需大量技术、资金和人力的投入，亟须在全产业链上的各个环节给予相关政策扶持。一是加大页岩气勘探开发投资和技术攻关力度。进一步完善页岩气探矿权公开招投标制度，鼓励包括民营企业在内的多种投资主体进驻页岩气勘探开发领域，支持中国石油化工集团公司、中国石油天然气集团公司等大型中央油气企业与重庆页岩气勘探开发有限责任公司、国投重庆页岩气开发利用有限公司、湖北省页岩气开发有限公司等地方页岩气勘探开发企业开展央地合作，共享地质资料、勘探资料和勘探开发关键核心技术，降低前期勘探开发成本；进一步加大页岩气科技攻关财政支持力度，重点开展页岩气地质选区及评价技术、深层水平井钻完井技术、深层水平井多段压裂技术、页岩气开发优化技术等勘探开发瓶颈技术攻关研究。二是补齐页岩气管网建设短板，实现页岩气本地消纳和余量外送通道畅通。根据页岩气产能建设、市场需求和全国天然气管网建设情况，按照适度超前的原则，加快页岩气重点区块管网、有利区块管网等配套管网的建设，做好与主要城市骨干管网、配气管网、城镇管网等天然气管网的有机衔接。三是动态调整页岩气开发利用财政补贴标准与期限。综合地质条件、当地经济社会发展水平、技术难易程度、成本效益等因素，对各区块的补贴标准进行动态评估，对于勘探开发难度大、初期成本大于效益的区块，适度提高财政补贴标准和延长补贴年限，鼓励地方政府进行相应的财政补贴配套，对于业已实现规模化效益开发的区块，取消对其的财政补贴。四是成立页岩气产业发展基金，支持页岩气产业链条纵向延伸。在国家、省（区、市）、地级市等多个层面成立相应的页岩气产业发展基金，重点以页岩气勘探开发、技术研发、综合利用、装备制造、销售服务等环节投资为核心，创新投融资模式，引导社会多元投资主体和资金向页岩气全产业链聚集。

10.3.5　深化页岩气国际合作

创新页岩气对外多模式合作，深化页岩气国际合作。深化国际合作是加快页岩气开发利用的有利途径，"十四五"及中长期亟须政府间合作、企业间合作和科研院所间合作同时发力，创新投融资、技术引进、人才培养、学术交流等多种合作模式。一是加强政府间合作机制和扩展政府间合作主体。在《中美关于页岩气领域开展合作的谅解备忘录》《中美页岩气资源工作组工作计划》的整体框架下，进一步加强中美在页岩气资源评估、勘探开发技术等领域的多层次合作，重点搭建油气企业、科研院所、咨询机构等国际合作平台，形成政府搭台、企业为主体、社会参与的多元合作模式，同时建立与加拿大、墨西哥、英国、波兰、印度、阿根廷、澳大利亚等国家政府间页岩气合作与交流机制，就页岩气勘探开发技术、政策交流制定、人才培养等领域开展广泛合作；二是鼓励国外有经验的企业与中国企业开展全产业链合作。允许国外企业以合资、合作、提供专业服务等方式参与页岩气勘探投资开发，重点鼓励中国石油化工集团公司、中国石油天然气集团公司、中国海洋石油总公司、陕西延长石油（集团）有限责任公司、中国华电集团公司、重庆能源集团等页岩气开发企业与荷兰皇家壳牌集团、美国切萨皮克能源公司、雪佛龙股份有限公司等国际知名企业在页岩气勘探开发技术方面开展技术引进与联合攻关等深度合作；三是科研院所围绕页岩气勘探开发技术及产业发展战略与国外相关研究机构开展深入合作。着眼于我国页岩气产业中长期发展，鼓励中国科学院、中石油经济技术研究院、中国石化石油勘探开发研究院、中国石油大学、中国地质大学、北京化工大学等国内科研院所与国际科研院所开展页岩气勘探开发技术及专业人才培养合作项目，创新建立海外页岩气技术研发工作站、中外页岩气专业合作办学、定期组织页岩气国际学术会议、合作举办页岩气产业发展战略国际高峰论坛等合作新平台、新模式。

参考文献

[1] Abadie A，Gardeazabal J. The economic costs of conflict：A casestudy for the Basque Country [J]. American Economic Review，2001，93（1）：113-132.

[2] Abadie A. Semiparametric difference-in-differences estimators[J]. Review of Economic Studies，2005，72（1）：1-19.

[3] Application to Local Development Decisions，October 2010.

[4] Arredondo-Ramírez K，Ponce-Ortega J M，El-Halwagi M M. Optimal planning and infrastructure development for shale gas production[J]. Energy Conversion & Management，2016，119：91-100.

[5] Arthur J D, Coughlin B J, Bohm B K. Summary of environmental issues，mitigation strategies，and regulatory challenges associated with shale gas development in the United States and applicability to development and operations in Canada[R]. Calgary，Alberta，Canada: Canadian Unconventional Resources & International Petroleum Conference，2010.

[6] Asche F，Oglend A，Osmundsen P. Gas versus oil prices the impact of shale gas[J]. Energy Policy，2012，47（10）：117-124.

[7] Ashenfelter O，Card D E. Using the longitudinal structure of earnings to estimate the effect of training programs[J]. Review of Economics & Statistics，1984，67（4）：648-660.

[8] Auty R M. Industrial policy reform in six large newly industrializing countries：The resource curse thesis[J]. World Development，1994，22（1）：11-26.

[9] Barth J M. The economic impact of shale gas development on state and local economies：Benefits，costs，and uncertainties[J]. New Solutions A Journal of Environmental & Occupational Health Policy，2013，23（1）：85-101.

[10] BeemillerRM，FriedenbergHL. Regional multipliers：A user handbook for the regional

input-output modeling system（RIMS Ⅱ ） [M]. Washington D.C.： U.S. Dept. of Commerce，Economics and Statistics Administration，1997.

[11] Bess R，Ambargis Z O. Input-output models for impact analysis： Suggestions for practitioners using RIMS II Multipliers [M]. 50th Southern Regional Science Association Conference， New Orleans： Louisiana，2011.

[12] Boersma T，Johnson C. the Shale Gas Revolution：U.S. and EU Policy and Research Agendas[J]. Review of Policy Research，2012，29（4）：570-576.

[13] Bunch A G，Perry C S，Abraham L，et al.. Evaluation of impact of shale gas operations in the Barnett Shale region on volatile organic compounds in air and potential human health risks.[J]. Science of the Total Environment，2014，468-469（2）：832-842.

[14] Caporin M，Fontini F. The Long-Run Oil-Natural Gas Price Relationship and the Shale Gas Revolution[J]. Energy Economics，2015.

[15] Center for Business，Economic Research.Projecting the economic impact of the Fayetteville shale play for 2008—2012 [R].State of Arkansas： Walton School of Business，University of Arkansas，2008

[16] Clark C E，Burnham A J，Harto C B，et al.. Introduction： The technology and Policy of Hydraulic Fracturing and Potential Environmental Impacts of Shale Gas Development[J]. Environmental Practice，2012，14（4）：249-261.

[17] Common wealth of Australia： User Manual Answer Markal，An Energy Policy Optimization Tool [M]. Australia： The Australian Bureau of Agricultural and Resource Economics，1999.

[18] Considine T，Watson R，Blumsack S. The economic impacts of the Pennsylvania Marcellus Shale natural gas play： An update[J]. Journal of Comparative & Physiological Psychology，2010，52（4）：399-402.

[19] Considine T，Watson R，Entler P，et al.. An emerging giant： Prospects and economic impacts of developing the Marcellus Shale natural gas play[R]. Pennsylvania： The Pennsylvania State University，2009.

[20] Dong D，Zou C，Dai J，et al.. Suggestions on the development strategy of shale gas in China [J]. Journal of Natural Gas Geoscience，2016，1（6）：413-423.

[21] Dong X U，Sun C，Liang C. Analysis on influence factors of economic benefits of shale gas

development in China and its policy suggestions[J]. International Petroleum Economics，2018.

[22] Donnelly S，Wilson I C，Appiah J O. Comparing land change from shale gas infrastructure development in neighboring Utica and Marcellus regions，2006—2015[J]. Journal of Land Use Science，2017，12（1）.

[23] Douglas A J，Harpman D A. Estimating recreation employment effects with Implan for the Glen Canyon Dam Region[J]. Journal of Environmental Management，1995，44（3）：233-247.

[24] Drohan P J，Brittingham M，Bishop J，et al.. Early trends in landcover change and forest fragmentation due to shale-gas development in Pennsylvania：a potential outcome for the Northcentral Appalachians[J]. Environmental Management，2012，49（5）：1061-1075.

[25] Duflo E，Mullainathan S，Bertrand M. How much shouldwe trust difference-in-difference estimates[J]. Quarterly Journal of Economics，2004，119（1）：249-275.

[26] Duman R J. Economic viability of shale gas production in the Marcellus shale：indicated by production rates，costs and current natural gas prices[D]. Houghton，MI：Michigan technological University：2012.

[27] Evensen D. On the complexity of ethical claims related to shale gas policy[J]. Local Environment，2017：1-8.

[28] Faouzi Aloulou. Argentina and China lead shale development outside North America in first-half 2015.

[29] Finkel M，Hays J，Law A. The shale gas boom and the need for rational policy[J]. American Journal of Public Health，2013，103（7）：1161-1163.

[30] Fishbone L G，Abilock H. MARKAL-A linear programming model for energy systems analysis[J]. International Journal of Energy Research，1981，5：353-375.

[31] Gaspar J，Mathieu J，Yang Y，et al.. Microbial Dynamics and Control in Shale Gas Production[J]. Environ.sci.technol.lett，2014，1（12）：465-473.

[32] Golden J M，Wiseman H J. The Fracking Revolution：Shale Gas as a Case Study in Innovation Policy[J]. Social Science Electronic Publishing，2015，64（4）：955.

[33] GopalakrishnanS，KlaiberHA. Is the shale boom a bust for nearby residents？ Evidence from housing values in Pennsylvania [J].Social Science Electronic Publishing，2014，96（1）：43-66.

[34] Hasaneen R，El-Halwagi M M. Using integrated process and microeconomic analyses to enable

effective environmental policy for shale gas in the USA[J]. Clean Technologies & Environmental Policy, 2017, 19（9）: 1-15.

[35] Hefley WE, Seydor SM, Bencho MK, et al.. The economic impact of the value chain of a Marcellus shale well[D]. Pittsburgh, PA: University of Pittsburgh; 2011.

[36] Higginbotham A.The economic impact of the natural gas industry and the Marcellus Shale development in West Virginia in 2009 [R].West Virginia: Oil and Natural Gas Association, 2010.

[37] HIS. America's new energy future: The unconventional oil and gas revolution and the US economy [R]. US: State Economic Contributions vol. 2, 2012.

[38] Holtz J.Open letter to members of the New York State Senate [R]. Members of the New York State Assembly: Governor Patterson and Governor-Elect Cuomo, 2010.

[39] Hou D J, Bao S J, Mao X P, et al.. Discussion on the Key Issues of Resource Potential Evaluation for Shale Gas[J]. Journal of Earth Sciences & Environment, 2012, 34（3）: 7-16.

[40] Howarth R W, Santoro R, Ingraffea A. Methane and the greenhouse-gas footprint of natural gas from shale formations[J]. Climatic Change, 2011, 106（4）: 679-690.

[41] Hu D, Xu S. Opportunity, challenges and policy choices for China on the development of shale gas[J]. Energy Policy, 2013, 60（5）: 21-26.

[42] Hui J X, Cai W J, Wang C. Assessing the Influence of Shale Gas Boom on China's Power Sector and Environmental Policy by Modeling[J]. Advanced Materials Research, 2014, 962-965: 1762-1766.

[43] International Atomic Energy Agency. MESSAGE User Manual [M]. 2002.9.

[44] Jenner S, Lamadrid A J. Shale gas vs. coal: Policy implications from environmental impact comparisons of shale gas, conventional gas, and coal on air, water, and land in the United States[J]. Energy Policy, 2013, 53（1）: 442-453.

[45] Kelsey T W, Ward M W. Natural gas drilling effects on municipal governments throughout Pennsylvania's Marcellus shale region [R].Pennsylvania State: Cooperative Extension, 2011.

[46] Kerschke D I, Schulz H M. The shale gas potential of Tournaisian, Visean, and Namurian black shales in North Germany: baseline parameters in a geological context[J]. Environmental Earth Sciences, 2013, 70（8）: 3817-3837.

[47] Kharak Y K, Thordsen J J, Conaway C H, et al.. The Energy-Water Nexus: Potential

Groundwater-Quality Degradation Associated with Production of Shale Gas [J]. Procedia Earth & Planetary Science，2013，7：417-422.

[48] Kinnaman T C. The economic impact of shale gas extraction：A review of existing studies [J]. Ecological. Economics，2011，70（7）：1243-1249.

[49] Klein，Michael. Hydraulic fracturing and shale gas extraction[J]. Digestive & Liver Disease，2013，47：e52.

[50] Lei X，Xin S Y，Gao W J，et al.. Research on technical solutions to equipment and downhole tools for shale gas efficiently drilling and completion[J]. China Mining Magazine，2015.

[51] Leontief W. Input-output economics [M].New York：Oxford University Press，1986.

[52] Leontief W.Structure of the world economy-outline of a simple input-output formulation [R].Karolinska Institute：Nobel Memorial Lecture，1973.

[53] Li L I，Liu B，Weiqing H U. Comparison and Selection of Equipment Industry Development Mode of Chongqing Shale Gas[J]. Journal of Chongqing University，2014.

[54] Linn J，Muehlenbachs L，Wang Y. How Do Natural Gas Prices Affect Electricity Consumers and the Environment？[J]. Social Science Electronic Publishing，2014.

[55] Lirabanagán L F，Ponceortega J M，Guilléngosálbez G，et al.. Optimal Water Management under Uncertainty for Shale Gas Production[J]. Industrial & Engineering Chemistry Research，2016，55（5）.

[56] M Bonakdarpour，B Flanagan，C Holling，et al.. The economic and employment contributions of shale gas in the United States[R]. HIS：Global Insight，2012.

[57] Mackay D，Stone T. Potential greenhouse gas emissions associated with shale gas production and use[J]. 2013.

[58] McKenzie L M，WitterRZ，NewmanLS，et al.. Human health risk assessment of air emissions from development of unconventional natural gas resources [J]. Science of the Total Environment，2012，424（4）：77-87.

[59] Mian MA. Economics of global shale gas development[D]. London：CWC School for Energy；2013.

[60] Miller R E，Blair P D. Input-output analysis：Foundations and extensions [M]. Englewood Cliffs，New Jersey：Prentice-Hall，1985.

[61] Moniz E J，Jacoby H D，Meggs A，et al.. The future of natural gas[R]. Cambridge：

Massachusetts Institute of technology, 2011.

[62] Munasib A, Rickman D S. Regional economic impacts of the shale gas and tight oil boom: A synthetic control analysis[J]. Regional Science and Urban Economics, 2015, 50: 1-17.

[63] New York State Department of Transportation.Transportation impacts of potential Marcellus shale gas development [R]. US: Draft Discussion Paper, 2011.

[64] Nicot J P, Scanlon B R, Reedy R C, et al.. Source and Fate of Hydraulic Fracturing Water in the Barnett Shale: A Historical Perspective[J]. Environmental Science & Technology, 2014, 48 (4): 2464-2471.

[65] Nicot J P, Scanlon B R. Water use for Shale-gas production in Texas, U.S.[J]. Environmental Science & Technology, 2012, 46 (6): 3580.

[66] Nome S, Johnston P. From shale to shining shale: a primer on North American natural gas shale plays. New York, NY: Deutsche Bank; 2008.

[67] O'Sullivan F, Paltsev S. Shale gas production: potential versus actual greenhouse gas emissions[J]. Environmental Research Letters, 2012, 2012 (7): 044030.

[68] Office of Fossil Energy and National Energy Technology Laboratory, US Department of Energy. Modern shale gas development in the United States: A primer[R]. Oklahoma: Gound Water Protection Council, 2009.

[69] Osborn S G, Vengosh A, Warner N R, et al.. Methane contamination of drinking water accompanying gas-well drilling and hydraulic fracturing[J]. Proceedings of the National Academy of Sciences of the United States of America, 2011, 108 (20): 8172-8176.

[70] Pearson I, Zeniewski P, Gracceva F, et al.. Unconventional gas: potential energy market impacts in the European Union[J]. Petten: Joint Research Centre of the European Commission; 2012.

[71] Peng M, Liang H, Chen J. Shale Gas Development: Pollution Disparity and Protection Policy[J]. Chongqing Social Sciences, 2016.

[72] Rahm B G, Riha S J. Toward strategic management of shale gas development: Regional, collective impacts on water resources[J]. Environmental Science & Policy, 2012, 17(1): 12-23.

[73] Ross D J K, Bustin R M. The importance of shale composition and pore structure upon gas storage potential of shale gas reservoirs[J]. Marine & Petroleum Geology, 2009, 26 (6): 916-927.

[74] Rumbach A. Natural gas drilling in the Marcellus shale: Potential impacts on the tourism

economy of the Southern Tier [R]. Southern Tier Central Regional: Planning and Development Board，2011.

[75] Sachs J D，Warner A M.Natural resource abundance and economic growth [J]. National Bureau of Economic Research Working Paper，1995，81（4）：496-502.

[76] Schlachter B.Drilling trucks have caused an estimated $2 billion in damage to Texas roads [R].Fort Worth：Star-Telegram，2012.

[77] Schmidt C W.Blind rush? Shale gas boom proceeds amid human health questions [J]. Environmental Health Perspectives，2011，119（8）：348-353.

[78] Stevens P. Resource impact· Curse or blessing? A literature survey [R]. University of Dundee：IPIECA，2003.

[79] Sun P. The Analysis of Shale Gas Industry's Action on Promoting USA Economy[J]. Petroleum & Petrochemical Today，2013，46（6）：1337-1343.

[80] Thomas A R，Lendel I，Hill E W，et al.. An analysis of the economic potential for shale formations in Ohio[M].Mankato：Urban Publications，2012.

[81] Throupe R，Simons R A，Mao X. A review of hydro "fracking" and its potential effects on real estate [J]. Journal of Real Estate Literature，2013，21（2）：205-232.

[82] Tomain J P. Shale Gas and Clean Energy Policy[J]. Case Western Reserve Law Review，2013.

[83] Tullo A. Petrochemicals：Dow Chemical and oil company YPF explore shale gas in Argentina[J]. Chem.eng.news，2014，91（14）：7.

[84] U.S. Department of Transportation，Pipeline and Hazardous Materials Safety Administration，Office of Pipeline Safety，Building Safe Communities：Pipeline Risk and its.

[85] var der Elst N J，Abers G A. Enhanced remote earthquake triggering at fluid-injection sites in the midwestern United States[J]. Science，2013，341（6142）：164-167.

[86] Vengosh A，Warner N，Jackson R，et al.. The Effects of Shale Gas Exploration and Hydraulic Fracturing on the Quality of Water Resources in the United States [J]. Procedia Earth & Planetary Science，2013，7：863-866.

[87] Walter G R，Benke R R，Pickett D A. Effect of biogas generation on radon emissions from landfills receiving radium-bearing waste from shale gas development.[J]. Journal of the Air & Waste Management Association，2012，62（9）：1040-1049.

[88]　Weber J G. The effects of a natural gas boom on employment and income in Colorado，Texas，and Wyoming [J]. Energy Economics，2012，34（5）：1580-1588.

[89]　Wei J，Duan H，Yan Q，et al.. New trend for shale gas industry in the United States under the New Energy Policy and the cooperation prospects between China and the United States[J]. China Mining Magazine，2018.

[90]　Weinhold B.The future of fracking [J]. Environmental Health Perspectives，2012，120（7）：272-279.

[91]　Weinstein A L，Partridge M D.The economic value of shale natural gas in Ohio [R].OhioState University：The Swank Program in Rural-Urban Policy Summary and Report，2011.

[92]　Weinstein A L. Local labor market restructuring in the shale boom[J]. Journal of Regional Analysis & Policy，2014，44（1）：71-92.

[93]　Wu Y，Chen K，Yang Y，et al.. A system dynamics analysis of technology，cost and policy that affect the market competition of shale gas in China[J]. Renewable & Sustainable Energy Reviews，2015，45：235-243.

[94]　Xiangtao L I，Shi W，Guo M，et al.. Characteristics of Marine Shale Gas Reservoirs in Jiaoshiba Area of Fuling Shale Gas Field[J]. Journal of Oil & Gas Technology，2014.

[95]　Xi-Shun W U，Sun Z T，Shu S Q，et al.. Global shale gas development pattern and policy review[J]. China Mining Magazine，2015.

[96]　Yang H，Peng M，Zhang Y. Tax and Fee Policy of Shale Gas Resources Development Impact on Environment[J]. Ecological Economy，2015.

[97]　Yuan J，Luo D，Xia L，et al.. Policy recommendations to promote shale gas development in China based on a technical and economic evaluation[J]. Energy Policy，2015，85：194-206.

[98]　Zeng Y，Yang B. Equipment outfitting and application for large-scale fracturing in shale gas horizontal wells[J]. Oil Drilling & Production Technology，2013，35（6）：78-82.

[99]　Zhang J，Yang M，Xu B，et al.. A novel intelligent sliding sleeve for shale oil and gas mining equipment[J]. Journal of Petroleum Science & Engineering，2017，158.Abadie A，Diamond A，Hainmueller J. Synthetic control methods for comparative case studies：Estimating the effect of California's tobacco control program [J]. Journal of the American Statistical Association，2010，105：493-505.

[100] Zhao Q，Liu D X，Yang S，et al.. China's shale gas policy and the effect for the industry[C]//International Conference on Sustainable Development. 2016：225-230.

[101] 安少辉，张作宏，汤少兵. 中国页岩气勘探开发浅析[J]. 西部探矿工程，2016，28（7）：50-53.

[102] 薄盛远. 对页岩气开发的经济效益分析与研究[J].华北国土资源，2014（4）：123-124.

[103] 鲍健强，章许旷野，房凯. 美国页岩气开发的环境评估与保护对中国的启示[J]. 未来与发展，2014（8）：55-60.

[104] 鲍玲，董秀成，李慧. 发展页岩气如何避免走煤层气的老路[J]. 企业管理，2013（12）：7-8.

[105] 毕竞悦. 冷静面对"页岩气革命"[J]. 绿叶，2012（12）：52-54.

[106] 蔡万江. 基于专利信息的页岩气技术发展现状分析与对策研究[D]. 北京：北京工业大学，2014.

[107] 曹俊兴. 页岩气开发：机遇与挑战[J]. 科学，2015，67（5）：39-41.

[108] 曾博雅. 我国页岩气产业发展的财税政策研究[D]. 广州：暨南大学，2016.

[109] 查全衡. 立足实际深化改革促进页岩气开发[J] 石油科技论坛，2014，33（2）：1-3.

[110] 常治辉. 能源杂论页岩气产业纳入国家战略性新兴产业[J]. 变频器世界，2013（12）：22.

[111] 陈海波. 页岩气革命与北美能源独立及其对中国的启示[J]. 天然气技术与经济，2013（5）：7-10.

[112] 陈卫东. 壳牌不是页岩气革命的牺牲品[J]. 中国石油石化，2014（7）：32.

[113] 程涌，陈国栋，尹琼，等. 中国页岩气勘探开发现状及北美页岩气的启示[J]. 昆明冶金高等专科学校学报，2017，33（1）：16-24.

[114] 崔永强，张玉玮. 页岩气工业前景取决于储层[J]. 天然气工业，2013，33（12）：60-65.

[115] 董大忠，邹才能，戴金星，等. 中国页岩气发展战略对策建议[J]. 天然气地球科学，2016，27（3）：397-406.

[116] 董普，贾冬冬. 我国页岩气开发环境保护及评价指标体系研究[J]. 中国人口•资源与环境，2013（S1）：71-73.

[117] 董普，滕宇，黄红红. 影响我国页岩气开发战略的核心竞争力——涉及页岩气开发上市公司价值评估[J]. 会计之友，2014（9）：44-48.

[118] 董书礼，宋振华. 美国页岩气产业发展的经验与启示[J]. 高科技与产业化，2013，9（5）：94-97.

[119] 董书礼. 从配角变主唱——美国页岩气产业发展的经验与启示[J]. 中国科技财富，2013（1）：66-68.

[120] 杜群，万丽丽. 美国页岩气能源开发的环境法律管制及对中国的启示[J]. 中国政法大学学报，2015（6）：146-158.

[121] 段鹏飞. PPP模式在我国页岩气开发行业中的应用研究[D]. 大连：东北财经大学，2013.

[122] 方小美，陈明霜. 页岩气开发将改变全球天然气市场格局——美国能源信息署（EIA）公布全球页岩气资源初评结果[J]. 国际石油经济，2011，19（6）：40-44.

[123] 冯连勇，邢彦姣，王建良，等. 美国页岩气开发中的环境与监管问题及其启示[J]. 天然气工业，2012（9）：102-105.

[124] 冯相昭，李静，王敏，等. 基于SWOT的中国页岩气开发战略评析[J]. 环境与可持续发展，2013，38（2）：15-20.

[125] 冯相昭.从气候变化角度审视页岩气开发[J]. 环境经济，2013（1）：49-53.

[126] 傅津，刘志刚. 国际油田服务公司一体化发展的经验和启示[J]. 国际石油经济，2012，20（4）：26-33.

[127] 富景筠. "页岩气革命""乌克兰危机"与俄欧能源关系——对天然气市场结构与权力结构的动态分析[J]. 欧洲研究，2014（6）：82-98.

[128] 甘会春，沙亚南，李海庆，等. 我国页岩气研究概况及江苏地区潜力分析[J]. 能源与环保，2017，39（4）：78-82.

[129] 高猛. 中国页岩气勘探开发新突破及发展前景思考[J]. 工程技术：文摘版：320-320.

[130] 高世葵，朱文丽，殷诚. 页岩气资源的经济性分析——以Marcellus页岩气区带为例[J]. 天然气工业，2014（6）：141-148.

[131] 高阳，罗玲，李文博，等. 我国页岩气产业发展分析[J]. 中国矿业，2015（8）：23-25.

[132] 高哲. 波兰页岩气矿业权法律制度及其启示[J]. 山西能源学院学报，2015（2）：180-183.

[133] 耿小烬，王爱国，鲁陈林. 页岩气开发的经济效益与影响因素分析[J]. 中国矿业，2016（10）：31-36，41.

[134] 管清友，李君臣. 美国页岩气革命与全球政治经济格局[J]. 国际经济评论，2013（2）：21-33.

[135] 郭焦锋，高世楫，赵文智，等. 我国页岩气已具备大规模商业开发条件[J]. 新重庆，2015（5）：27-29.

[136] 郭瑞，罗东坤，李慧. 中国页岩气开发环境成本计量研究及政策建议[J]. 环境工程，2016（3）：180-184.

[137] 郭小哲. 页岩气资源—环境—技术协调发展对策[J]. 石油科技论坛，2014，33（2）：36-39.

[138] 国金证券. 页岩气：投资从设备服务向资源扩散[J]. 股市动态分析，2012（33）：59.

[139] 国务院发展研究中心资源与环境政策研究所. 天然气发展报告 2017[M]. 北京：中国石油出版社，2017.

[140] 何红生. 探索页岩气环保型开采[J]. 矿业装备，2014（10）：38.

[141] 何世念，宗刚，王孝祥，等. 我国页岩气商业开发驶入快车道——专家纵论中国石化涪陵页岩气大突破[J]. 中国石化，2014（4）：27-32.

[142] 何艳青，杨金华，张焕芝，等. 中美页岩气开发技术对比分析[C]//中国工程院/国家能源局能源论坛，2012.

[143] 贺鹏. 浅析页岩气地面工程建设[J]. 化学工程与装备，2015（4）：151-152.

[144] 胡惠雯. 开发页岩气，为能源革命争"气"[J]. 化工管理，2016（7）：53-56.

[145] 胡亮. 国内外页岩气开采利用发展情况概览[J]. 军民两用技术与产品，2014（12）：11-12.

[146] 胡彦. 页岩气对俄欧天然气贸易的影响评析[D]. 上海：华东师范大学，2013.

[147] 湖北省政府办公厅、湖北省国土资源厅联合调研组. 合力攻坚加快实现湖北页岩气勘探开发战略突破——关于加快推进湖北省页岩气勘探开发政策措施的思考[J]. 资源环境与工程，2016，30（4）：595-597.

[148] 黄华良. 重庆能源页岩气公司治理结构研究——对等股权合资企业管控[D]. 重庆：重庆大学，2014.

[149] 江永宏. 页岩气勘探和开发政策研究初探[J]. 科技创新导报，2012（26）：20-21.

[150] 姜韵韵. 我国页岩气产业发展路径研究[J]. 商，2016（10）：282.

[151] 蒋红兰. 页岩气开发成本分析与研究[J]. 会计之友，2013（23）：41-43.

[152] 金庆花，张大权，翟刚毅. 关于推进我国页岩气跨越式发展的思考与建议[C]//全国青年地质大会. 2013：638-640.

[153] 金兴学. 楚雄盆地页岩气勘探前景[D]. 荆州：长江大学，2016.

[154] 荆克尧，邓群丽，刘岩. 对加快中国页岩气产业发展的建议[J]. 国际石油经济，2011，19（11）：65-68.

[155] 景东升，魏东. 我国页岩气勘探开发现状及政策思考[J]. 中国石油和化工经济分析，2012（7）：6-8.

[156] 琚璇. 中国页岩气产业发展评价及发展对策研究[D]. 石河子：石河子大学，2015.

[157] 赖惠能，王建. 全国政协委员陈世强：页岩气开发尚未起步[J]. 小康：财智，2015（5）：

55-55.

[158] 黎江峰,吴巧生,汪金伟. 能源安全视角下我国页岩气产业绿色发展路径与保障政策[J]. 管理世界,2017(8):176-177.

[159] 李成标. 湖北省页岩气产业发展模式及政策创新研究[M]. 北京:经济科学出版社,2015.

[160] 李垂窈,文革,杨宝平,等. 四川页岩气产业发展的 SWOT 分析[J]. 天然气技术与经济,2016(1):70-74.

[161] 李宏勋,张汶汶,王海军. 基于中国特殊地质特性的页岩气储量评价方法研究[J]. 改革与战略,2013,29(11):43-45.

[162] 李宏勋,张杨威. 全球页岩气勘探开发现状及我国页岩气产业发展对策[J]. 中外能源,2015,20(5):22-29.

[163] 李建忠,董大忠,陈更生,等. 中国页岩气资源前景与战略地位[J]. 天然气工业,2009(5):11-16.

[164] 李凯,孙强,左根永,等. 山东省基本药物制度对乡镇卫生院服务量及患者费用影响研究:基于倍差法的分析[J]. 中国卫生经济,2012(4):62-64.

[165] 李良,钱家忠,荆铁亚,等. 我国页岩气开发的五个跨越与"十三五"发展五项建议[J]. 中国能源,2016,38(3):29-32.

[166] 李裱譿. 页岩气:不同利益的殊途同归[J]. 中国石化,2014(4):66-68.

[167] 李梅. 松辽盆地北部青一段页岩气形成条件与资源评价[D]. 大庆:东北石油大学,2013.

[168] 李琼玖,李德宽,漆长席,等. 论煤炭与气体烃高温转化醇氨化工产品链的节能减排生态文明战略[C]//全国煤层气、页岩气开采利用技术及市场发展研讨会,2012.

[169] 李世祥,肖俊,等. 我国页岩气勘探开发战略研究——基于 SWOT 量化分析[J]. 中国国土资源经济,2014(7):48-52.

[170] 李世臻,乔德武,冯志刚,等. 世界页岩气勘探开发现状及对中国的启示[J]. 地质通报,2010,29(6):918-924.

[171] 李维波,赵蕴华,孟浩. 基于专利计量的页岩气技术发展态势分析[J]. 全球科技经济瞭望,2017,32(2):49-57.

[172] 李岩,牟博佼. 国外页岩气开发实践对我国的启示[J]. 中国矿业,2013,22(3):4-7.

[173] 李旸阳. 试论页岩气资源前景与战略地位[J]. 化工管理,2016(4):108.

[174] 李玉喜,乔德武,姜文利,等. 页岩气含气量和页岩气地质评价综述[J]. 地质通报,2011,

30（z1）：308-317.

[175] 李玉喜. 我国页岩气资源潜力、发展历程和前景[C]//中国地质学会 2013 年学术年会论文摘要汇编——S13 石油天然气、非常规能源勘探开发理论与技术分会场，2013.

[176] 梁捷. 借鉴篇 国际油公司的启示[J]. 中国石油企业，2008（5）：57-58.

[177] 梁鹏，张希柱，童莉. 我国页岩气开发过程中的环境影响与监管建议[J]. 环境与可持续发展，2013，38（2）：25-26.

[178] 梁兴. 中国南方海相页岩气勘探评价进展与思考[C]//浙江省地质学会 2012 年学术年会. 2012.

[179] 刘超. 我国页岩气开发管理的法律制度需求与架构——以波兰页岩气开发管理制度为镜鉴[J]. 社会科学研究，2015（2）：85-91.

[180] 刘超. 页岩气特许权的制度困境与完善进路[J]. 法律科学（西北政法大学学报），2015，33（3）：170-178.

[181] 刘德勋，王红岩，赵群，等. 中国页岩储层特征及开发技术挑战[J]. 广州化工，2015（23）：27-29.

[182] 刘洪林，王红岩，刘人和，等. 中国页岩气资源及其勘探潜力分析[J]. 地质学报，2010，84（9）：1374-1378.

[183] 刘鸿渊，魏东. 国家能源战略视角下的页岩气资源产业化发展研究[J]. 经济体制改革，2014（1）：120-124.

[184] 刘甲炎，范子英. 中国房产税试点的效果评估：基于合成控制法的研究[J]. 世界经济，2013（11）：117-135.

[185] 刘魁，张苏强. 当代页岩气革命的发展正义批判[J]. 南京工业大学学报(社会科学版)，2015（1）：15-22.

[186] 刘琳，江昕，陈泰宇，等. 页岩气产业对美国经济发展的影响及中国应对策略的研究[J]. 世界有色金属，2016（20）：81-82.

[187] 刘龙. 页岩气资源开发利用管理研究[D]. 西安：长安大学，2014.

[188] 刘秋菊. 我国页岩气开发的环境法律规制探析[C]//湖北省法学会法经济学研究会 2017 年年会摘要集. 2017.

[189] 刘志逊，贾音传. 我国页岩气勘探开发进展及前景展望[J]. 中国矿业，2015，24（S2）：6-8.

[190] 龙胜祥，曹艳，朱杰，等. 中国页岩气发展前景及相关问题初探[J]. 石油与天然气地质，2016，37（6）：847-853.

[191] 娄志鹏，裴潇. 湖北省页岩气产业发展的风险及对策[J]. 北方经贸，2015（11）：81-82.

[192] 卢桂. 美国马塞勒斯页岩气开采的相关立法及借鉴[D]. 成都：西南政法大学，2014.

[193] 陆如泉. 国际石油公司运营管理模式分析及启示[J]. 中国石油企业，2012（4）：35-36.

[194] 陆争光. 中国页岩气产业发展现状及对策建议[J]. 国际石油经济，2016，24（4）：48-54.

[195] 罗阿华. 开发页岩气，为能源革命争"气"[J]. 中国石油和化工，2016（2）：47-49.

[196] 罗牧云. 页岩气开发中的水资源保护法律问题研究[D]. 北京：北京理工大学，2015.

[197] 罗佐县. 北美页岩气产业发展与中资企业投资策略[J]. 对外经贸实务，2014（2）：18-20.

[198] 吕荣洁. 页岩气的界定标准决定页岩气的发展前景[J]. 中国石油石化，2013（2）：13-13.

[199] 马忠玉，肖宏伟. 能源革命视阈下我国页岩气产业发展战略研究[J]. 中国能源，2017，39（11）：14-18.

[200] 孟凡美. 新兴能源的发展对经济安全的影响[D]. 青岛：青岛大学，2016.

[201] 孟永涛. 页岩气水平井油基泥浆体系的研究及应用[D]. 荆州：长江大学，2013.

[202] 潘继平. 对促进中国页岩气勘探开发若干问题的思考——2011 年中国页岩气发展回顾与思考[J]. 国际石油经济，2012，20（Z1）：101-106.

[203] 潘继平. 页岩气开发现状及发展前景——关于促进我国页岩气资源开发的思考[J]. 国际石油经济，2009，17（11）：12-15.

[204] 彭民，雷鸣，杨洪波，等. 我国页岩气资源开发中的环境政策选择——基于环境空间差异的考虑[J]. 生态经济（中文版），2016，32（4）：208-213.

[205] 彭民，杨洪波，李玉喜，等. 页岩气资源开发的环境影响研究综述[J]. 资源开发与市场，2015，31（3）：327-331.

[206] 戚凯. 自主开发与国际市场：中国页岩气产业的两种战略[C]//中国石油学会石油经济专业委员会青年论坛，2014.

[207] 钱伯章，李武广. 页岩气井水力压裂技术及环境问题探讨[J]. 天然气与石油，2013（1）：48-53.

[208] 邱茂鑫，郭晓霞. 国际石油公司商业模式的衰落与转变[J]. 国际石油经济，2016，24（12）：11-17.

[209] 邱勇. 油公司模式下的岗位管理存在的问题及对策分析[J]. 人力资源管理，2014（4）：40-41.

[210] 邱中建，赵文智，邓松涛. 我国致密砂岩气和页岩气的发展前景和战略意义[J]. 中国工程科学，2012，14（6）：4-8.

[211] 陕亮，张万益，罗晓玲，等. 页岩气储层压裂改造关键技术及发展趋势[J]. 地质科技情报，

2013（2）：156-162.

[212] 施炳展. 补贴对中国企业出口行为的影响——基于配对倍差法的经验分析[J]. 财经研究，2012（5）：70-80.

[213] 舒建中. 页岩气革命对美国能源主导地位的影响[J]. 国际观察，2014（5）：78-89.

[214] 宋莹莹，高胜寒，朱玲利，等. 浅谈我国页岩气项目融资方式与需求分析[J]. 现代商业，2013（20）：66-67.

[215] 苏彤. 美国能源独立战略的实施及其影响[D]. 长春：吉林大学，2014.

[216] 苏治，胡迪. 通货膨胀目标制是否有效？——来自合成控制法的新证据[J]. 经济研究，2015（6）：74-88.

[217] 唐海侠. 中国页岩气发展战略对策分析[J]. 中国新技术新产品，2018（2）：116-117.

[218] 唐佳洁. 页岩气：博弈改变者[J]. 地球，2013（7）：62-65.

[219] 唐文进，宋朝杰，周文. 突发冲击对中国各产业的经济影响——基于 IMPLAN 系统的分析[J]. 经济与管理研究，2012（4）：50-57.

[220] 滕睿，孙竹. 国际石油公司管理模式的发展[J]. 中国石化，2009（6）：22-25.

[221] 田磊，刘小丽，杨光，等. 美国页岩气开发环境风险控制措施及其启示[J]. 天然气工业，2013（5）：115-119.

[222] 田黔宁，王淑玲，张炜，等. 基于文献库资源看中国页岩气产业的发展历程和趋势[J]. 地质通报，2014（9）：1454-1462.

[223] 王俊平. 湖北省页岩气的开发前景及建议[J]. 电网与清洁能源，2012，28（10）：97-101.

[224] 王蕾，王振霞. 页岩气革命对美国经济的影响及中国应对措施[J]. 中国能源，2015（5）：22-25.

[225] 王礼刚，王瑾. 中俄能源合作的新机遇与路径——以页岩气革命为背景[J]. 阅江学刊，2014（2）：70-76.

[226] 王丽波，郑有业. 中国页岩气资源分布与节能减排[J]. 资源与产业，2012，14（3）：30-36.

[227] 王楠. 页岩气开发环境问题研究[J]. 当代经济，2013（1）：62-65.

[228] 王仁贵，张丹枫，晏齐宏. 页岩气开发的中国路径——页岩气开发"紧锣密鼓"[J]. 瞭望，2013（20）：22-26.

[229] 王先礼. 关于油公司模式的利弊、对策及发展方向研究——兼析齐胜油气勘探开发有限公司[D]. 北京：对外经济贸易大学，2010.

[230] 王小鹏. 试论页岩气的发展和石油格局的变化[J]. 现代经济信息，2014（22）：428.

[231] 王艳芳，张俊. 奥运会对北京空气质量的影响：基于合成控制法的研究[J]. 中国人口·资源与环境，2014（S2）：166-168.

[232] 王晔君. 首个独立行业政策发布页岩气产业发展定调市场化[J]. 华商，2013（11）：46.

[233] 卫永刚. 对胜利油田探索推进"油公司"模式的分析和思考[J]. 中国石油大学胜利学院学报，2013（4）：80-83.

[234] 尉智伟. 基于我国资源结构特点探究页岩气资源开发战略[J]. 中国石油和化工标准与质量，2013（13）：109.

[235] 魏静，段红梅，闫强，等. 能源新政下的美国页岩气产业新动向及中美合作前景[J]. 中国矿业，2018（2）：9-15.

[236] 文乔. 页岩气已进入能源战略视野[J]. 江汉石油科技，2011（2）：8.

[237] 吴炳乾，何发岐. 对我国页岩气发展的建议[J]. 中国石油企业，2011（6）：64.

[238] 吴放. 页岩气开发项目社会影响评价研究[D]. 成都：西南石油大学，2017.

[239] 吴国干，董大忠，曾少华，等. 页岩气资源潜力及发展策略——世界油气工业发展正历经从常规油气向非常规油气转化的关键时期，页岩油气、煤层气、致密岩性油气等非常规油气资源正成为油气勘探开发的新目标[J]. 世界石油工业，2010（6）：39-43.

[240] 吴凯彬，何兵，林兆勇，等. 钻井新工艺技术在长宁页岩气井中的应用[C]//中国石油学会石油科技装备专业委员会钻井液完井液技术研讨会，2011.

[241] 吴勘，杨树旺. 长江经济带页岩气资源开发投资分析——兼论页岩气资源价值开发区块优选[J]. 价格理论与实践，2017（6）：159-162.

[242] 夏玉强.Marcellus 页岩气开采的水资源挑战与环境影响[J]. 科技导报，2010，28（18）：103-110.

[243] 肖钢，白玉湖. 基于环境保护角度的页岩气开发黄金准则[J].天然气工业，2012（9）：98-101.

[244] 肖楠. 鼓励引导民间投资进入，加快我国页岩气产业发展[J]. 中国经贸导刊，2012（33）：21-23.

[245] 熊云川. 页岩气技术改变全球能源格局[J]. 建材发展导向，2013（1）：26-27.

[246] 熊运实，王彦昌，吴军涛，等. 我国页岩气开发环境保护面临的形势及对策[J]. 油气田环境保护，2015，25（6）：1-4.

[247] 徐博，冯连勇，敖晓文. 页岩气开发经济性及其影响因素——以宾夕法尼亚州为例[J].管理

科学与工程，2016（5）：16-24.

[248] 徐浩，王婉宜，肖川，等. 倾向得分法与倍差法在我国卫生政策评估领域的应用[J]. 中国预防医学杂志，2016（6）：451-454.

[249] 许潇. 页岩气水平井体积改造技术综述[J]. 华东科技：学术版，2012（8）：444.

[250] 闫存章，黄玉珍，葛春梅，等. 页岩气是潜力巨大的非常规天然气资源[J]. 天然气工业，2009（5）：1-6.

[251] 杨德敏，袁建梅，夏宏，等. 页岩气开发过程中存在的环境问题及对策[J]. 油气田环境保护，2013（2）：20-22.

[252] 杨光. 天然气供给缺口与页岩气的发展现状[C]//2010 中国博士后低碳经济与洁净能源科技与发展学术论坛，2010.

[253] 杨宏会. 俄气的天然气发展战略及其挑战[J]. 国际石油经济，2013，21（6）：61-65.

[254] 杨虹. 页岩气开发应防"一哄而上 一蹴而就 一哄而散"[J]. 中国战略新兴产业，2014（3）：70-71.

[255] 杨庆芳，李诗珍. 湖北省页岩气发展现状及战略环境分析[J]. 长江大学学报（社科版），2015（12）：38-41.

[256] 杨镱婷，唐玄，王成玉，等. 重庆地区页岩分布特点及页岩气前景[J]. 重庆科技学院学报（自然科学版），2010（2）：3-6.

[257] 姚国征，杨婷婷. 我国页岩气开发存在的问题及对策[J]. 西部资源，2014（2）：160-162.

[258] 叶芳，王燕. 双重差分模型介绍及其应用[J]. 中国卫生统计，2013（1）：131-134.

[259] 殷建平，沈梦姣. "页岩气革命"带来的影响及我国发展策略研究——基于中美页岩气开发成本对比分析[J]. 价格理论与实践，2014（12）：38-40.

[260] 殷建平，张琦. 三大国际综合油服公司的发展模式及启示[J]. 对外经贸实务，2010（10）：73-75.

[261] 尹硕，张耀辉. 页岩气产业发展的国际经验剖析与中国对策[J]. 改革，2013（2）：28-36.

[262] 游卢刚，郭茜，吴艳婷，等. 重庆地区页岩气产业发展现状及对策建议[J]. 中国矿业，2015（7）：29-32.

[263] 于洋. 省直管县、市管县与县域经济增长——基于合成控制法的研究[D]. 杭州：浙江大学，2014.

[264] 余黎明，王玉川，夏永强. 合理开发利用我国页岩气资源的途径分析[J]. 化学工业，2014，

32（2）：8-13.

[265] 余美. 基于科学发展观的我国页岩气开发战略研究[D]. 成都：西南石油大学，2015.

[266] 喻清. 美国页岩气革命对于美国和中东地缘政治的影响[J]. 商，2015（20）：85-86.

[267] 袁宁，王仁山，施志强，等. 福建省非常规能源（干热岩、页岩气）学科发展报告[J]. 海峡科学，2016（1）：3-14.

[268] 岳鹏升，石乔，岳来群，等. 中国页岩气近期勘探开发进展[J]. 天然气勘探与开发，2017，40（3）：38-44.

[269] 张宝成. 引入社会资本促进我国页岩气产业发展的路径研究[D]. 北京：中国地质大学，2016.

[270] 张大伟.《页岩气发展规划（2011—2015年）》解读[J]. 天然气工业，2012，32（4）：6-8.

[271] 张大伟. 绘就"能源革命"路线图——《页岩气发展规划（2011—2015年）》解读[J]. 国土资源，2012（4）：43-45.

[272] 张大伟. 加快中国页岩气勘探开发和利用的主要路径[J]. 天然气工业，2011，31（5）：1-5.

[273] 张东晓，杨婷云，吴天昊，等. 页岩气开发机理和关键问题[J]. 科学通报，2016（1）：62-71.

[274] 张福兴. 表面等离子体共振页岩气含量传感器的设计与研究[D]. 东北石油大学，2015.

[275] 张恒龙，秦鹏亮."页岩气革命"对国际政治经济关系的重构作用[J]. 安徽师范大学学报（人文社科版），2014，42（2）：185-191.

[276] 张金川，姜生玲，唐玄，等. 我国页岩气富集类型及资源特点[J]. 天然气工业，2009，29（12）：109-114.

[277] 张凯亮，樊树启. 鄂尔多斯盆地页岩气潜力评价及科学勘探开发探讨[C]//内蒙古自治区自然科学学术年会，2013.

[278] 张抗，卢向前. 涪陵页岩气田发现并转入商业开发中国页岩气发展实现战略性突破[J]. 国际石油经济，2015，23（1）：29-30.

[279] 张抗. 美国能源独立和页岩气革命的深刻影响[J]. 中外能源，2012，17（12）：1-16.

[280] 张铭路，李胜蓝，刘海涛. 页岩气发电的现状及发展策略分析[J]. 南京工程学院学报（自然科学版），2014，12（3）：43-47.

[281] 张茉楠. 中国能够复制美国页岩气革命吗？[J]. 发展研究，2013（6）：24-26.

[282] 张平占. 中国特色油公司模式的演变历程与启示[J]. 国际石油经济，2016，24（4）：23-28.

[283] 张前荣. 页岩气开发的国际经验及对我国的借鉴价值[J]. 发展研究，2013（10）：71-74.

[284] 张淑英，柴晶晶，李德山，等. 四川页岩气产业发展战略研究[J]. 中国能源，2016，38（4）：22-26.

[285] 张所续. 加快我国页岩气勘探开发的建议[J]. 国土资源，2013（12）：48-49.

[286] 张卫国. 关于页岩气开发利用的思考[J]. 内蒙古石油化工，2013（4）：46-48.

[287] 张晓伟. 中美页岩气产业政策环境比较及中国的政策选择[D]. 北京：北京大学，2014.

[288] 张子琴. 我国页岩气产业私募股权投资基金应用研究[D]. 北京：中国地质大学，2014.

[289] 赵文光，夏明军，张雁辉，等. 加拿大页岩气勘探开发现状及进展[J]. 国际石油经济，2013，21（7）：41-46.

[290] 赵文智，李建忠，杨涛，等. 我国页岩气资源开发利用的机遇与挑战[C]//中国工程院/国家能源局能源论坛，2012.

[291] 赵亚丽. 页岩气革命背景下中国石油安全预警与对策研究[D]. 北京：中国石油大学（华东），2014.

[292] 赵熠."十三五"产量目标大幅下调 页岩气开发趋于理性[J]. 中国战略新兴产业，2015（9）：24-26.

[293] 郑娟尔，袁国华，罗世兴，等. 阿根廷页岩气勘探开发政策及对我国的启示[J]. 国土资源情报，2016（1）：8-12.

[294] 郑义，林恩惠，余建辉. 三聚氰胺事件导致了乳制品进口剧增吗——基于合成控制法的经验研究[J]. 农业技术经济，2015（2）：109-117.

[295] 舟丹. 中国石化逆势而为，大举开发页岩气[J]. 中外能源，2016，21（1）：73.

[296] 周云亨，关婷，叶瑞克. 中国发展页岩气的优势、障碍及政策选择[J]. 江南社会学院学报，2015，17（3）：24-28.

[297] 邹才能，董大忠，王社教，等. 中国页岩气形成机理、地质特征及资源潜力[J]. 石油勘探与开发，2010，37（6）：641-653.

附录 2015年包含页岩气产业的重庆投入产出表

单位：万元

投入 \ 产出	代码	中间使用								
		农林牧渔产品和服务	煤炭采选产品	天然气开采产品	页岩气开采产品	金属矿采选产品	非金属矿和其他矿采选产品	食品和烟草	纺织品	纺织服装鞋帽皮革羽绒及其制品
	—	01	02	03	04	05	06	07	08	09
农林牧渔产品和服务	01	2 247 825	1 187	67	10	11	2 227	4 498 966	647 765	4 508
煤炭采选产品	02	148	2 654 035	0	0	0	40 184	80 268	27 912	7 686
天然气开采产品	03	0	0	3 473	0	2 140	19 890	30 118	821	2 476
页岩气开采产品	04	0	0	0	1 128	1 879	12 365	10 051	407	852
金属矿采选产品	05	0	0	0	0	113 703	743	59	11	0
非金属矿和其他矿采选产品	06	27	1 170	0	0	1 225	298 341	428	16	5
食品和烟草	07	1 624 544	1 546	379	537	388	572	5 875 869	3 974	11 137
纺织品	08	7 165	691	1	0	344	62	9 657	491 607	940 881
纺织服装鞋帽皮革羽绒及其制品	09	11 405	23 665	666	552	3 190	1 127	18 874	27 149	1 015 298
木材加工品和家具	10	630	12 635	6	3	2 198	488	7 317	6 959	1 498
造纸印刷和文教体育用品	11	548	5 944	886	515	952	3 339	305 720	8 754	37 326

投入 \ 产出	代码	中间使用								
		农林牧渔产品和服务	煤炭采选产品	天然气开采产品	页岩气开采产品	金属矿采选产品	非金属矿和其他矿采选产品	食品和烟草	纺织品	纺织服装鞋帽皮革羽绒及其制品
	一	01	02	03	04	05	06	07	08	09
石油、炼焦产品和核燃料加工	12	40 954	26 625	4 010	206	80 808	182 255	14 711	1 806	7 183
化学产品	13	389 454	57 497	7 322	4 361	16 310	178 632	527 404	403 700	482 156
非金属矿物制品	14	809	2 443	0	0	1 516	97 311	58 208	646	445
金属冶炼和压延加工品	15	67	29 237	6 947	2 485	2 250	3 036	10 000	771	642
金属制品	16	6 488	61 548	0	0	18 103	5 163	73 864	1 872	6 064
通用设备	17	362	54 376	3 725	2 342	9 936	14 893	22 744	4 464	2 387
专用设备	18	95 707	122 935	6 226	8 577	20 376	119 228	23 880	14 307	6 884
交通运输设备	19	18 880	601	6	21	207	457	2 723	343	526
电气机械和器材	20	906	23 516	3	5	4 856	2 677	12 790	5 909	652
通信设备、计算机和其他电子设备	21	155	2 205	76	89	12	5 158	1 811	554	734
仪器仪表	22	671	6 922	3 113	5 815	66	3 846	4 785	51	336
其他制造产品	23	1 243	41	0	0	1	775	2 558	707	1 456
废品废料	24	0	0	0	0	0	17 023	2	0	
金属制品、机械和设备修理服务	25	0	0	0	0	0	16 641	40 876	13 084	52 873
电力、热力的生产和供应	26	75 675	262 333	2 549	82	7 482	206 450	351 991	154 211	36 905
燃气生产和供应	27	17	0	0	1 910	112 054	0	0	0	
水的生产和供应	28	58	19 533	1 319	113	96	5 145	25 580	3 925	6 376
建筑	29	1 995	7 520	291	501	866	4 219	16 410	1 924	6 203
批发和零售	30	493 552	40 494	341	509	2 482	9 856	1 585 437	458 076	270 353
交通运输、仓储和邮政	31	178 187	670 792	3 489	3 548	47 527	146 593	659 434	59 335	77 341

投入＼产出	代码	农林牧渔产品和服务 01	煤炭采选产品 02	天然气开采产品 03	页岩气开采产品 04	金属矿采选产品 05	非金属矿和其他矿采选产品 06	食品和烟草 07	纺织品 08	纺织服装鞋帽皮革羽绒及其制品 09
住宿和餐饮	32	6 765	27 599	2 870	3 781	4 091	11 220	102 372	13 826	29 548
信息传输、软件和信息技术服务	33	11 200	48 917	2 380	5 158	6 105	81 170	70 842	26 081	44 161
金融	34	413 336	94 475	773	1 486	6 584	41 735	451 023	115 757	69 974
房地产	35	23	2 582	0	0	421	41	23 716	2 638	32 372
租赁和商务服务	36	2 021	20 096	769	756	6 198	23 118	278 507	9 879	67 581
科学研究和技术服务	37	50 947	20 325	2 256	5 726	228	8 222	12 020	903	1 083
水利、环境和公共设施管理	38	3 323	647	119	257	239	227	1 972	722	540
居民服务、修理和其他服务	39	8 263	14 060	116	160	505	5 557	89 220	1 035	7 853
教育	40	280	5 656	675	344	338	1 992	4 812	586	3 124
卫生和社会工作	41	789	0	0	0	0	0	0	0	0
文化、体育和娱乐	42	170	5 074	611	1 419	1 289	1 586	10 984	3 168	3 088
公共管理、社会保障和社会组织	43	245	103	20	20	121	622	1 261	310	936
中间投入合计	TII	5 694 831	4 352 772	65 675	52 115	477 099	1 574 191	15 319 262	2 515 966	3 241 440
劳动者报酬	VA001	11 290 475	2 532 438	15 825	4 134	110 341	71 481	1 012 269	237 630	551 116
生产税净额	VA002	47 865	808 884	3 284	858	100 276	63 565	1 870 734	98 275	177 602
固定资产折旧	VA003	348 359	355 916	1 634	427	15 946	63 531	408 486	47 692	131 001
营业盈余	VA004	0	706 695	24 870	6 497	84 584	167 940	2 265 577	387 133	458 470
增加值合计	TVA	11 686 700	4 403 932	45 613	11 915	311 147	366 518	5 557 066	770 729	1 318 188
总投入	TI	17 381 531	8 756 704	111 288	64 030	788 246	1 940 708	20 876 328	3 286 695	4 559 628

中间使用

产出 代码 投入 代码 名称	代码 一	木材加工品和家具 10	造纸印刷和文教体育用品 11	石油、炼焦产品和核燃料加工 12	化学产品 13	非金属矿物制品 14	金属冶炼和压延加工 15	金属制品 16	通用设备 17	专用设备 18
农林牧渔产品和服务	01	223 778	99 455	82	760 357	13 215	799	147	665	180
煤炭采选产品	02	2 362	2 967	158 402	448 050	714 690	854 659	1 569	1 426	789
天然气开采产品	03	117	13 791	229 741	617 531	123 875	57 619	26 746	6 341	1 470
页岩气开采产品	04	53	5 172	121 658	281 961	74 722	40 493	14 929	2 280	420
金属矿采选产品	05	0	169	0	35 544	24 299	1 893 511	5 517	3 289	48
非金属矿和其他矿采选产品	06	631	24	300	123 852	1 810 407	76 375	419	370	480
食品和烟草	07	3 448	33 974	1 723	477 824	8 190	38 884	1 258	2 362	3 438
纺织品	08	50 095	25 457	1 269	56 987	7 203	8 430	612	6 020	2 997
纺织服装鞋帽皮革羽绒及其制品	09	43 924	12 288	6 998	25 317	27 595	12 752	11 965	5 235	10 424
木材加工品和家具	10	361 772	165 969	2 013	10 946	80 707	15 697	82 087	20 268	23 457
造纸印刷和文教体育用品	11	32 624	2 149 165	76 617	350 819	205 922	220 332	10 958	32 872	48 543
石油、炼焦产品和核燃料加工	12	3 323	13 023	64 651	446 976	375 432	636 098	23 537	30 197	19 874
化学产品	13	119 521	717 740	4 310	9 530 738	924 734	430 719	80 217	105 742	134 485
非金属矿物制品	14	34 428	5 914	4 222	79 147	2 266 338	171 775	1 479	6 535	6 017
金属冶炼和压延加工	15	78 749	35 359	8 873	190 530	132 836	8 951 580	3 192 415	1 892 959	916 620
金属制品	16	110 101	42 954	27 514	179 527	81 627	74 123	465 736	298 307	418 691
通用设备	17	7 232	11 581	2 545	204 456	152 118	560 131	76 898	1 700 939	765 606
专用设备	18	1 331	11 437	655	7 741	31 841	7 721	291 166	117 337	372 140
交通运输设备	19	9 843	5 526	750	13 289	87 965	10 223	44 476	345 837	147 608
电气机械和器材	20	3 002	2 402	225	20 463	16 395	13 891	14 489	440 572	237 805
通信设备、计算机和其他电子设备	21	1 631	18 420	122	32 368	8 278	35 365	6 656	188 208	110 554
仪器仪表	22	25 872	1 460	266	42 370	11 455	1 887	1 441	158 213	40 173
其他制造产品	23	100	318	0	11 759	1 651	1 321	1 781	9 960	51 431
废品废料	24	0	37 853		123 551	107 671	1 473 172	0	83 157	678
金属制品、机械和设备修理服务	25	7 477	31 662	1 573	165 878	216 900	107 844	34 060	214 776	21 472

投入＼产出	代码	木材加工品和家具 10	造纸印刷和文教体育用品 11	石油、焦产品和核燃料加工 12	化学产品 13	非金属矿物制品 14	金属冶炼和压延加工 15	金属制品 16	通用设备 17	专用设备 18
									中间使用	
电力、热力的生产和供应	26	64 003	78 340	67 803	1 272 304	1 111 897	2 228 936	247 522	123 731	64 586
燃气生产和供应	27	0	0	0	321	0	0	0	55	63
水的生产和供应	28	1 462	4 486	2 720	40 044	40 481	88 826	5 191	4 619	2 329
建筑	29	2 251	7 394	389	52 756	21 275	13 177	3 059	7 314	1 630
批发和零售	30	85 282	541 275	22 085	811 213	281 020	273 905	117 013	307 429	157 266
交通运输、仓储和邮政	31	68 176	90 717	130 699	835 080	798 680	1 032 650	158 143	282 651	141 987
住宿和餐饮	32	24 900	17 290	4 914	229 891	137 702	202 387	32 337	58 847	85 429
信息传输、软件和信息技术服务	33	13 355	20 972	18 808	227 819	54 676	308 598	5 905	51 436	130 951
金融	34	50 007	209 886	15 389	839 913	699 963	1 371 713	113 373	195 265	105 906
房地产	35	51 096	36 932	4 491	67 666	16 081	31 254	725	5 977	5 454
租赁和商务服务	36	12 177	39 767	14 884	362 419	124 199	221 617	54 351	70 891	47 398
科学研究和技术服务	37	961	3 434	403	61 007	9 204	8 672	371	69 994	21 158
水利、环境和公共设施管理	38	491	295	92	5 061	2 904	18 859	713	1 192	1 588
居民服务、修理和其他服务	39	2 760	8 818	4 246	166 455	72 209	52 418	13 202	51 262	18 125
教育	40	3 661	643	446	10 508	4 867	1 543	8 439	5 388	2 822
卫生和社会工作	41	0	0	0	0	0	0	0	0	0
文化、体育和娱乐	42	4 048	1 985	502	35 824	17 466	168 194	4 135	6 899	9 544
公共管理、社会保障和社会组织	43	501	793	492	4 943	1 868	3 112	584	1 100	3 594
中间投入合计	TII	1 506 546	4 507 105	1 002 670	19 295 201	10 900 559	21 721 260	5 155 624	6 917 916	4 135 228
增加值 劳动者报酬	VA001	126 852	433 667	95 659	2 122 514	1 184 895	868 585	689 387	917 965	532 832
生产税净额	VA002	53 369	160 853	40 220	962 113	629 076	493 498	170 122	419 988	202 677
固定资产折旧	VA003	33 310	167 742	43 507	1 116 725	579 465	438 317	129 151	190 427	124 569
营业盈余	VA004	146 154	649 248	110 307	2 061 472	1 669 917	930 899	461 020	762 679	289 326
增加值合计	TVA	359 685	1 411 510	289 694	6 262 824	4 063 353	2 731 299	1 449 681	2 291 059	1 149 403
总投入	TI	1 866 230	5 918 615	1 292 364	25 558 025	14 963 912	24 452 559	6 605 305	9 208 974	5 284 632

中间使用

投入＼产出（中间投入）	代码	19 交通运输设备	20 电气机械和器材	21 通信设备、计算机和其他电子设备	22 仪器仪表	23 其他制造产品	24 废品废料	25 金属制品、机械和设备修理服务	26 电力、热力的生产和供应	27 燃气生产和供应
农林牧渔产品和服务	01	756	165	17	49	10 031	9	2	16	1
煤炭采选产品	02	44 230	0	26 346	4	36 837	7 955	0	1 936 664	20 058
天然气开采产品	03	41 269	10 083	3 321	426	1 202	0	193	29 581	483 755
页岩气开采产品	04	37 030	2 571	190	34	355	0	106	17 210	220 775
金属矿采选产品	05	279	95 182	497	139	16	6 356	0	0	0
非金属矿和其他矿采选产品	06	6 651	14 885	0	0	6	0	68	22 198	154
食品和烟草	07	5 908	2 946	2 900	906	533	10 337	1	2 328	5
纺织品	08	7 528	631	263	132	3 199	0	387	1 169	1 638
纺织服装鞋帽皮革羽绒及其制品	09	14 147	5 217	2 990	1 128	465	116	2	5 431	12
木材加工品和家具	10	76 245	12 498	1 969	2 557	113	0	621	52	1 304
造纸印刷和文教体育用品	11	161 516	107 734	53 121	16 371	2 693	122	684	7 624	5 641
石油、炼焦产品和核燃料加工品	12	109 397	24 983	2 595	2 745	1 518	5 276	165	26 192	773
化学产品	13	1 081 817	1 060 509	26 560	187 095	76 902	91 389	112	4 623	29
非金属矿物制品	14	30 041	76 934	42 725	74 397	49	11 358	25 711	9 829	1 830
金属冶炼和压延加工品	15	7 076 125	2 694 542	266 982	145 698	108 636	72 767	410	3 335	233
金属制品	16	476 539	791 641	144 299	50 946	222 560	6 957	406	966	2 627
通用设备	17	2 615 742	1 207 998	46 536	75 559	428 424	1 453	0	11 086	1 082
专用设备	18	75 555	35 726	8 241	39 377	164	0	48	1 362	11 230
交通运输设备	19	37 664 388	26 152	59 199	29 146	92	7	411	118 117	117
电气机械和器材	20	375 432	3 611 018	241 261	36 293	55 910	12 141	15	195 723	429
通信设备、计算机和其他电子设备	21	122 752	1 453 194	21 600 470	159 192	1 637	1	0	26 843	543
仪器仪表	22	72 060	86 105	99 177	715 815	736	0	0	109 856	0
其他制造产品	23	28 289	4 702	10 972	2 952	134 388	0		25	0
废品废料	24	11 577	14 415	0	102	7	44 530		0	
金属制品、机械和设备修理服务	25	305 007	137 368	15 726	7 437	40 155	3 214	2 925	643 289	19 729

投入＼产出	代码	交通运输设备 19	电气机械和器材 20	通信设备、计算机和其他电子设备 21	仪器仪表 22	其他制造产品 23	废品废料 24	金属制品、机械和设备修理服务 25	电力、热力的生产和供应 26	燃气生产和供应 27
电力、热力的生产和供应	26	390 575	153 837	63 021	24 106	18 998	18 732	2 171	3 469 341	74 575
燃气生产和供应	27	1 831	0	0	0	0	0	0	0	308 074
水的生产和供应	28	20 377	14 245	4 322	832	1 095	149	1	15 644	211
建筑	29	21 865	4 475	22 193	2 682	8 007	956	0	45 920	3 866
批发和零售	30	2 547 625	434 533	1 692 382	124 147	65 796	37 442	330	17 761	856
交通运输、仓储和邮政	31	1 403 596	274 661	139 244	62 495	31 951	61 000	3 653	83 676	64 921
住宿和餐饮	32	194 297	86 410	52 635	35 491	9 287	9 714	1 978	21 170	7 512
信息传输、软件和信息技术服务	33	229 785	92 063	146 589	39 914	736	2 394	499	8 839	4 342
金融	34	760 364	209 616	483 947	67 154	109 616	56 790	2 408	697 069	47 787
房地产	35	203 340	5 930	21 000	22 371	0	767	0	30 422	1 030
租赁和商务服务	36	577 103	237 414	75 200	17 292	23 627	616	619	73 490	5 225
科学研究和技术服务	37	544 781	16 746	66 055	11 276	135	651	961	1 034	92
水利、环境和公共设施管理	38	2 261	1 835	1 658	353	228	25	45	252	83
居民服务、修理和其他服务	39	231 989	36 230	48 743	7 494	5 369	10 744	81	42 896	3 165
教育	40	6 737	2 329	3 662	1 364	678	11	117	610	299
卫生和社会工作	41	0	0	0	0	0	0	0	0	0
文化、体育和娱乐	42	14 363	10 041	9 088	2 083	1 259	131	316	6 531	945
公共管理、社会保障和社会组织	43	52 253	1 401	3 802	472	639	12	23	182	150
中间投入合计	TII	57 643 421	13 059 072	25 889 898	1 968 026	1 404 052	474 122	45 467	7 688 354	1 295 099
劳动者报酬	VA001	5 165 022	537 283	738 018	329 859	284 182	10 443	13 653	1 248 138	114 913
生产税净额	VA002	3 064 404	235 313	367 917	97 574	-1 280	3 753	3 745	582 236	48 898
固定资产折旧	VA003	1 724 055	128 299	122 385	64 512	48 366	1 260	768	1 515 807	23 597
营业盈余	VA004	2 884 606	1 023 235	1 224 266	224 647	35 403	14 128	5 023	412 797	163 019
增加值合计	TVA	12 838 087	1 924 130	2 452 586	716 591	366 672	29 583	23 188	3 758 978	350 427
总投入	TI	70 481 508	14 983 202	28 342 484	2 684 618	1 770 724	503 705	68 655	11 447 332	1 645 525

投入＼中间使用	代码	28 水的生产和供应	29 建筑	30 批发和零售	31 交通运输、仓储和邮政	32 住宿和餐饮	33 信息传输、软件和信息技术服务	34 金融	35 房地产	36 租赁和商务服务
代码	一	28	29	30	31	32	33	34	35	36
农林牧渔产品和服务	01	0	52 177	3 318	11 311	621 463	1 493	6 082	8 046	43
煤炭采选产品	02	0	92 026	51	2 398	0	0	0	0	0
天然气开采产品	03	0	0	0	0	1	0	0	0	0
页岩气开采产品	04	0	0	0	0	0	0	0	0	0
金属矿采选产品	05	0	0	0		35	0	0	0	0
非金属矿和其他矿采选产品	06	22	738 824	126	58	28	5 660	35 571	2 024	1 482
食品和烟草	07	10	6 426	32 063	22 115	1 572 660	412	1 199	10 962	6
纺织品	08	257	4 139	5 680	3 552	33 045	8 630	69 805	6 898	316 439
纺织服装鞋帽皮革羽绒及其制品	09	60	115 668	7 568	14 356	7 833	1 876	7 124	2 025	44
木材加工品和家具	10	349	594 195	4 972	7 700	3 359	40 383	736 982	48 325	65 715
造纸印刷和文教体育用品	11	140	84 234	36 453	55 994	25 584	13 967	40 325	15 335	17 828
石油、炼焦产品和核燃料加工品	12	6 412	910 336	57 440	1 178 687	1 688	6 576	9 334	35 201	161 042
化学产品	13	2	2 551 389	21 155	420 065	46 125	1 978	5	0	2
非金属矿物制品	14	107	16 055 800	266	17 776	1 470		1 404	0	45
金属冶炼和压延加工品	15	108	13 094 301	244	7 962	188	4 167	50 649	8 561	
金属制品	16	65	3 219 081	1 512	8 430	4 344	12 637	109 189	10 617	663
通用设备	17	34	312 694	6 937	274 782	21 970	363	16 528	199	5
专用设备	18	1 463	421 444	324	9 274	1 227	3 157	1 162	3 961	2 928
交通运输设备	19	82	32 001	172 780	1 821 444	12 665		100 249	58 415	8 764
电气机械和器材	20	68	1 337 657	19 596	16 914	2 289	462 100	0	16 054	5 221
通信设备、计算机和其他电子设备	21	60	69 889	23 463	15 793	5 699	519 823	1 390	5 767	13
仪器仪表	22	2	38 495	48 261	2 380	31	1 887	569	3 552	7 272
其他制造产品	23	209	4 671	41	1 384	106 162	1 287			
废品废料	24		0	0		0			12 902	
金属制品、机械和设备修理服务	25	7 370	25 910	4 461	43 355	1 564	105 443			12 708

中间使用

投入＼产出	代码	水的生产和供应 28	建筑 29	批发和零售 30	交通运输、仓储和邮政 31	住宿和餐饮 32	信息传输、软件和信息技术服务 33	金融 34	房地产 35	租赁和商务服务 36
电力、热力的生产和供应	26	23 101	2 485 099	172 596	201 651	127 899	84 916	82 067	112 461	129 360
燃气生产和供应	27	0	0	251	419 696	92 845	716	0	17 933	0
水的生产和供应	28	5 172	219 945	23 752	6 950	24 506	927	28 807	12 047	11 275
建筑	29	402	1 326 188	54 107	39 139	6 038	21 698	64 665	43 780	10 146
批发和零售	30	345	403 752	499 253	311 810	204 333	33 232	135 877	20 033	99 027
交通运输、仓储和邮政	31	833	3 834 364	406 055	1 902 432	70 095	65 697	296 751	38 725	481 569
住宿和餐饮	32	657	217 051	246 473	283 121	18 050	89 773	669 081	69 510	78 421
信息传输、软件和信息技术服务	33	860	57 329	87 052	40 369	14 695	599 217	782 850	36 995	15 246
金融	34	33 195	1 832 702	1 195 232	980 679	122 025	219 333	873 488	335 109	2 848 485
房地产	35	0	6 775	1 009 479	91 574	153 807	212 281	1 811 724	17 628	77 025
租赁和商务服务	36	579	2 077 650	513 730	200 987	154 466	204 203	1 211 042	226 982	323 859
科学研究和技术服务	37	11	559 311	11 907	16 775	66 728	7 764	124	217	87
水利、环境和公共设施管理	38	3 069	3 373	5 007	1 376	464	3 512	21 127	680	741
居民服务、修理和其他服务	39	2 456	30 470	82 086	213 381	83 071	28 094	89 288	30 937	11 456
教育	40	218	8 187	45 619	13 443	4 106	8 661	109 413	3 727	2 871
卫生和社会工作	41	0	0	325	97	474	11	0	0	0
文化、体育和娱乐	42	84	46 903	34 247	9 336	8 745	27 652	158 115	19 019	7 812
公共管理、社会保障和社会组织	43	63	14 108	1 693	2 852	465	3 701	7 162	2 814	2 333
中间投入合计	TII	87 863	52 884 562	4 835 579	8 676 400	3 622 245	2 803 226	7 529 151	1 237 440	4 699 930
劳动者报酬	VA001	146 406	8 547 325	4 357 312	3 613 219	2 262 615	638 323	4 189 506	2 398 970	945 389
生产税净额	VA002	38 106	2 163 525	3 693 191	776 261	191 041	330 610	2 360 885	2 480 530	638 242
固定资产折旧	VA003	59 858	667 305	672 243	1 299 411	250 307	1 205 812	412 492	2 678 088	664 263
营业盈余	VA004	76 972	3 764 844	5 625 488	2 696 322	363 995	1 257 537	8 396 962	3 068 578	1 121 473
增加值合计	TVA	321 342	15 143 000	14 348 235	8 385 213	3 067 958	3 432 281	15 359 846	10 626 166	3 369 367
总投入	TI	409 205	68 027 562	19 183 814	17 061 613	6 690 203	6 235 507	22 888 997	11 863 606	8 069 297

投入 ＼ 产出	代码	科学研究和技术服务	水利、环境和公共设施管理	居民服务、修理和其他服务	教育	卫生和社会工作	文化、体育和娱乐	公共管理、社会保障和社会组织	中间使用合计
	一	37	38	39	40	41	42	43	TIU
农林牧渔产品和服务	01	44	15 664	43 223	60	494	105	0	9 275 768
煤炭采选产品	02	0	0	0	1 385	3 754	0	0	7 166 836
天然气开采产品	03	0	0	0	111	281	0	0	1 709 844
页岩气开采产品	04	0	0	C	12	52	0	0	843 223
金属矿采选产品	05	0	0	C	0	11	0	0	2 179 393
非金属矿和其他矿采选产品	06	0	0	57	0		0	0	3 096 607
食品和烟草	07	7 117	266	741	2 694	922	4 952	5 776	9 815 141
纺织品	08	235	130	1 175	17	35	51	12	1 683 517
纺织服装鞋帽皮革羽绒及其制品	09	6 918	2 677	11 956	752	40 403	34 961	15	1 929 324
木材加工品和家具	10	5 455	350	1 522	1 604	72	14 760		1 538 215
造纸印刷和文教体育用品	11	155 002	12 248	20 585	125 173	24 412	211 489	386 579	5 797 885
石油、炼焦产品和核燃料加工品	12	65 872	5 241	6 611	9 907	23 433	5 786	30 777	4 546 031
化学产品	13	14 290	36 414	40 866	37 733	925 305	9 374	2 938	21 399 097
非金属矿物制品	14	175	20	3 372	219	42	4		19 063 945
金属冶炼和压延加工品	15	182	20	419	0	35	2	0	38 949 738
金属制品	16	245 177	3 814	566	312	239	1 659	0	7 047 006
通用设备	17	6 307	1 510	2 506	318	126	2 107	601	8 716 121
专用设备	18	2 619	28	575	1 183	432 045	66	0	2 465 455
交通运输设备	19	15 941	19 735	793	0	57 826	988	4	40 706 327
电气机械和器材	20	127 744	2 140	2 432	2 165	2 907	5 436	0	7 434 121
通信设备、计算机和其他电子设备	21	183 515	618	4 857	2 586	0	4 815	3 085	24 736 145
仪器仪表	22	239 166	11 167	91 829	5 023	1 005	0	0	1 836 973
其他制造产品	23	60 452	6 796	185 216	105	0	2 327	0	649 356
废品废料	24	0	0	0	0		0	0	1 913 944
金属制品、机械和设备修理服务	25	48	297	4 071	5 661	11 938	8 728	22 380	2 406 024

中间投入

		代码	科学研究和技术服务 37	水利、环境和公共设施管理 38	居民服务、修理和其他服务 39	教育 40	卫生和社会工作 41	文化、体育和娱乐 42	公共管理、社会保障和社会组织 43	中间使用合计 TIU
中间投入	电力、热力的生产和供应	26	14 203	11 015	24 816	71 487	30 348	16 331	14 080	14 287 595
	燃气生产和供应	27	133	1 069	28 554	9 326	150	457	0	881 488
	水的生产和供应	28	2 607	1 805	5 414	14 240	7 556	1 135	3 232	678 547
	建筑	29	9 237	531	35 564	95 873	17 524	3 010	121 439	2 108 474
	批发和零售	30	57 041	12 759	40 962	14 190	399 497	61 801	13 946	12 686 329
	交通运输、仓储和邮政	31	217 691	15 834	56 372	71 502	35 201	36 908	122 251	15 162 477
	住宿和餐饮	32	128 269	4 999	14 993	78 263	75 069	37 534	631 319	4 056 842
	信息传输、软件和信息技术服务	33	11 282	1 132	5 820	25 688	41 107	5 400	34 890	3 413 628
	金融	34	191 656	79 337	42 893	160 395	15 346	68 095	15 345	16 244 601
	房地产	35	36 304	3 918	106 991	53 896	39 670	43 796	151 012	4 382 203
	租赁和商务服务	36	160 637	19 777	383 198	20 799	259 937	79 984	127 064	8 332 095
	科学研究和技术服务	37	592 934	4	244	221	599	18	689	2 176 278
	水利、环境和公共设施管理	38	1 719	121	280	1 550	508	1 353	2 123	92 982
	居民服务、修理和其他服务	39	16 620	5 113	43 485	112 306	21 500	10 719	466 056	2 150 009
	教育	40	12 389	307	1 186	27 973	11 944	2 474	190 666	515 110
	卫生和社会工作	41	0	0	0	0	8 206	9	0	9 911
	文化、体育和娱乐	42	18 991	908	2 190	10 760	3 683	71 700	23 120	764 004
	公共管理、社会保障和社会组织	43	1 941	123	472	1 445	10 533	388	48 483	178 133
	中间投入合计	TII	2 609 913	277 888	1 217 911	966 933	2 508 131	748 723	2 417 881	315 026 745
增加值	劳动者报酬	VA001	718 751	285 610	1 322 272	3 167 902	2 119 007	485 289	4 193 496	12 292 326
	生产税净额	VA002	94 581	34 037	104 787	22 960	20 559	49 223	7 200	333 346
	固定资产折旧	VA003	110 396	197 652	106 445	414 121	246 044	66 897	311 113	1 452 669
	营业盈余	VA004	559 655	159 571	208 248	310 889	581 066	374 125	116 542	2 310 095
	增加值合计	TVA	1 483 384	676 870	1 741 752	3 915 872	2 966 675	975 533	4 628 351	16 388 436
	总投入	TI	4 093 297	954 758	2 959 662	4 882 804	5 474 806	1 724 256	7 046 232	331 415 181

产出（投入 / 中间投入）	代码	最终使用							
		最终消费支出					资本形成总额		
		居民消费支出			政府消费支出	合计	固定资本形成总额	存货增加	合计
		FU101	FU102	THC	FU103	TC	FU201	FU202	GCF
农林牧渔产品和服务	01	1 307 907	5 108 202	6 416 109	46 638	6 462 747	4 144	100 009	104 154
煤炭采选产品	02	34 976	2 813	37 790	0	37 790	0	20 382	20 382
天然气开采产品	03	0	0	0	0	0	0	453	453
页岩气开采产品	04	0	0	0	0	0	0	0	0
金属矿采选产品	05	0	0	0	0	0	0	−14 955	−14 955
非金属矿和其他矿采选产品	06	0	0	0	0	0	0	45 235	45 235
食品和烟草	07	1 941 873	5 320 140	7 252 013	0	7 262 013	0	192 128	192 128
纺织品	08	233 792	1 826 975	2 060 767	0	2 060 767	0	21 246	21 246
纺织服装鞋帽皮革羽绒及其制品	09	389 603	2 862 354	3 251 957	0	3 251 957	0	65 008	65 008
木材加工品和家具	10	105 387	394 569	499 956	0	499 956	117 437	26 651	144 089
造纸印刷和文教体育用品	11	158 601	661 383	819 985	0	819 985	0	296 302	296 302
石油、炼焦产品和核燃料加工品	12	178 902	423 496	602 398	0	602 398	0	281 585	281 585
化学产品	13	227 146	1 813 022	2 040 168	0	2 040 168	0	340 157	340 157
非金属矿物制品	14	199 804	387 714	587 518	0	587 518	0	815 671	815 671
金属冶炼和压延加工品	15	0	0	0	0	0	0	538 897	538 897
金属制品	16	84 727	212 355	297 083	0	297 083	229 509	218 723	448 232
通用设备	17	13 097	86 645	99 743	0	99 743	1 833 849	62 076	1 895 925
专用设备	18	2 564	29 090	31 653	0	31 653	1 798 598	62 581	1 861 179
交通运输设备	19	105 428	609 965	715 392	0	715 392	2 697 406	257 151	2 954 557
电气机械和器材	20	314 702	1 482 577	1 797 279	0	1 797 279	1 740 167	−43 866	1 696 301
通信设备、计算机和其他电子设备	21	237 419	897 992	1 135 411	0	1 135 411	299 225	247 184	546 409
仪器仪表	22	1 645	45 034	46 678	0	46 678	117 556	87 791	205 346
其他制造产品	23	21 069	144 205	165 275	0	165 275	0	15 840	15 840

投入＼产出	代码	最终使用							
		最终消费支出					资本形成总额		
		居民消费支出			政府消费支出	合计	固定资本形成总额	存货增加	合计
		FU101	FU102	THC	FU103	TC	FU201	FU202	GCF
废品废料	24	0	0	0	0	0	0	-1 876	-1 876
金属制品、机械和设备修理服务	25	0	0	0	0	0	0	0	0
电力、热力的生产和供应	26	201 598	1 242 647	1 444 244	0	1 444 244	0	0	0
燃气生产和供应	27	36 791	704 331	741 122	0	741 122	0	42 471	42 471
水的生产和供应	28	14 499	498 249	512 748	0	512 748	0	90 734	90 734
建筑	29	97 378	510 083	607 461	0	607 461	63 241 974	0	63 241 974
批发和零售	30	655 706	2 858 482	3 514 188	0	3 514 188	338 351	174 654	513 005
交通运输、仓储和邮政	31	261 881	1 399 739	1 661 620	276 167	1 937 787	138 566	52 451	191 017
住宿和餐饮	32	520 228	3 473 381	3 993 609	0	3 993 609	0	0	0
信息传输、软件和信息技术服务	33	192 178	1 504 965	1 697 144	0	1 697 144	997 901	0	997 901
金融	34	250 530	2 382 271	2 632 800	5 524	2 638 324	0	0	0
房地产	35	400 884	1 807 617	2 208 501	0	2 208 501	6 793 738	0	6 793 738
租赁和商务服务	36	959	1 144 579	1 145 537	0	1 145 537	0	0	0
科学研究和技术服务	37	17 662	8 704	26 367	322 454	348 820	36 895	0	36 895
水利、环境和公共设施管理	38	69 843	387 330	457 174	751 336	1 208 510	0	0	0
居民服务、修理和其他服务	39	178 051	788 968	967 019	0	967 019	0	0	0
教育	40	638 993	1 360 445	1 999 438	4 840 760	6 840 198	0	0	0
卫生和社会工作	41	766 085	3 062 196	3 828 280	1 730 667	5 558 948	0	0	0
文化、体育和娱乐	42	86 085	543 389	629 474	371 784	1 001 258	0	0	0
公共管理、社会保障和社会组织	43	0	720 094	720 094	10 032 670	10 752 764	0	0	0
中间投入合计	TII	9 947 996	46 706 000	56 653 996	18 378 000	75 031 996	80 385 318	3 994 682	84 380 000

投入＼产出	代码	出口 EX	国内省外流出 OF	最终使用合计 TFU	进口 IM	国内省外流入 IF	其他 ERR	总产出 GO
农林牧渔产品和服务	01	2 493	2 909 453	18 754 615	36 297	1 980 167	-643 380	17 381 531
煤炭采选产品	02	0	1 778 226	9 003 233	4 773	65 028	176 728	8 756 704
天然气开采产品	03	40	8 038	1 718 375	0	1 601 989	5 098	111 288
页岩气开采产品	04	0	40 500	883 723	105 211	819 692	0	64 030
金属矿采选产品	05	224	514 399	2 679 060	9 194	1 797 846	-12 243	788 246
非金属矿和其他矿采选产品	06	361	22 145	3 164 349	5 172	1 222 328	-7 881	1 940 708
食品和烟草	07	3 745	7 077 949	24 350 975	4 915	3 724 662	-255 187	20 876 328
纺织品	08	53 708	1 355 001	5 174 239	4 340	1 938 372	-55 743	3 286 694
纺织服装鞋帽皮革羽绒及其制品	09	867	468 472	5 755 629	886	1 170 782	-19 122	4 559 628
木材加工品和家具	10	483	406 892	2 539 634	12 724	706 992	15 526	1 866 230
造纸印刷和文教体育用品	11	16 708	617 706	7 548 586	3 301	1 614 521	2 726	5 918 615
石油、炼焦产品和核燃料加工	12	6	320 151	5 750 170	201 439	4 488 980	-34 475	1 292 364
化学产品	13	78 854	8 960 934	32 319 210	6 203	7 670 249	-610 504	25 558 025
非金属矿物制品	14	35 719	2 459 825	22 962 676	26 828	7 859 084	133 476	14 963 912
金属冶炼和压延加工	15	14 931	8 231 934	47 735 500	23 400	23 238 860	17 253	24 452 559
金属制品	16	65 769	717 803	8 575 894	49 042	1 884 790	62 399	6 605 305
通用设备	17	79 717	1 422 795	12 214 301	1 494	3 174 300	-218 016	9 208 974
专用设备	18	15 136	1 002 544	5 375 969	198 685	159 462	-69 619	5 284 632
交通运输设备	19	98 434	30 090 629	74 565 339	54 698	3 730 166	154 980	70 481 508
电气机械和器材	20	31 290	4 939 653	15 898 645	468 165	993 229	-132 484	14 983 202
通信设备、计算机和其他电子设备	21	508 024	3 821 032	33 747 001	2 837	1 472 107	464 245	28 342 484
仪器仪表	22	17 556	681 295	2 787 849	564	26 039	74 356	2 684 618
其他制造产品	23	6 499	988 327	1 825 296		464	53 544	1 770 724

中间投入

投入 \ 产出	代码 —	出口 EX	国内省外流出 OF	最终使用合计 TFU	进口 IM	国内省外流入 IF	其他 ERR	总产出 GO
废品废料	24	1 082	742 957	2 656 108	32 401	2 105 810	14 191	503 705
金属制品、机械和设备修理服务	25	0	521 218	2 927 242	0	2 860 469	-1 882	68 655
电力、热力的生产和供应	26	0	307 054	16 038 894	0	4 871 168	-279 607	11 447 332
燃气生产和供应	27	0	449 137	2 114 217	0	423 156	45 536	1 645 525
水的生产和供应	28	0	275 488	1 557 517		1 135 976	12 335	409 205
建筑	29	15 454	6 422 127	72 395 491	20	5 242 398	-874 488	68 027 562
批发和零售	30	87 987	2 462 969	19 264 478	1 884	46 751	33 914	19 183 813
交通运输、仓储和邮政	31	18 836	2 700 523	20 010 641		2 590 109	357 035	17 061 612
住宿和餐饮	32	0	215 524	8 265 975	0	1 397 706	178 067	6 690 202
信息传输、软件和信息技术服务	33	790	1 322 659	7 432 123	652	1 069 067	126 897	6 235 507
金融	34	37	5 140 184	24 023 147	226	480 679	653 244	22 888 997
房地产	35	0	1 075 913	14 460 354	0	2 599 784	-3 035	11 863 606
租赁和商务服务	36	31 130	2 637 609	12 146 371	69 018	3 806 628	201 429	8 069 297
科学研究和技术服务	37	0	1 820 855	4 382 849	0	350 447	-60 894	4 093 297
水利、环境和公共设施管理	38	0	75 592	1 377 084	0	395 251	27 076	954 758
居民服务、修理和其他服务	39	0	623 275	3 740 303		708 944	71 697	2 959 662
教育	40	75	12 006	7 367 389	4 599	2 548 684	-68 697	4 882 804
卫生和社会工作	41	51	582 788	6 151 697	3 118	518 673	155 100	5 474 806
文化、体育和娱乐	42	294	433 111	2 198 668	117	445 180	29 114	1 724 256
公共管理、社会保障和社会组织	43	681	1 152 981	12 084 559	1 040	5 144 462	-107 175	7 046 232
中间投入合计	TII	1 186 982	107 809 652	583 435 375	1 333 245	110 081 454	-388 465	472 409 145